水獺與朋友們記得的事（下）

池边金勝

金勝用藝術，深切表達出語言文字無法詮釋的、對野生動物的情感。透過他細膩可愛的畫風，人類和動物有了美麗和美好的相遇。用畫筆做保育，喚醒人們的同理心，這是金勝的畫家志業，令人敬佩感佩。

——白心儀 東森電視台製作人／主持人

金勝是長期關心國內野生動物議題的創作者與畫家，他也持續用實際行動支持野生動物救傷單位，這本書記錄了近四十年來臺灣野生動物遭遇歷史。每次欣賞金勝的畫作，「野生動物如嬰兒般徜徉在母親懷抱之中」的影像，溫暖祥和，悠遊自在，以及個個充滿希望。因此，更提醒自己守護好屬於個人的慈悲心與熱忱，關心野生動物每個人都不能缺席。

——詹芳澤 特生中心「野生動物急救站」研究員／獸醫

以美麗的筆觸，金勝不只帶著我們更細緻的去欣賞與領略動物的美麗，也讓我們有機會循著水獺與朋友們記憶的軌跡，去了解美麗之島上的動物們曾有過的經歷。而這樣的了解，雖然無法讓我們喚回已經滅絕的台灣雲豹，但或許可以帶著我們更懂得珍惜與更努力去守護住，這些美麗動物們的未來。

——劉偉蘋 挺挺網絡社會企業執行長

儘管現實中野生動物的處境令人沮喪，金勝仍用畫筆為動物們建構了圓滿的世界，療癒他們憂傷的生命，也為我們講述這些不該被遺忘的過往。

——阿鏘「阿鏘的動物日常」

我們與世界上的野生動物看似遙遠，但隨著人類社會的發展，我們與生物的互動和理解，也逐漸地更新、演變。台灣人的歷史、文化和大自然，彼此交織成一段時而哀戚、時而動人的故事。這本圖文書不只帶著我們認識世界上的各種野生動物，更娓娓道來我們從古至今是如何因愛而誤傷了或是守護了野生動物。相信透過金勝筆下的小動物，以及他所陳述的故事，你我都能更加了解，何謂真正的愛。

——玉子「玉子日記」／動物圖文作家

作者序

觸動愛與關懷的路

池边金勝

首先要向各位讀者解惑說明的是，我並不是日本人，是土生土長的台灣人，池边金勝這個筆名因為容易讓人有此聯想，所以先在此釋疑。

這個筆名最一開始是用於個人臉書的暱稱，正式用在藝術創作是二〇一三年，並且在同年創立粉專「金品繪 AuspiciousDraw」，當時主要是用於網路發表作品和創作理念。最初的作品是從「八吉祥」的手繪唐卡創作開始，因為是創作唐卡這種帶有佛教意涵作品的關係，所以我覺得必須讓唐卡仍保有它本來的象徵語言，而且「八吉祥」的型制本身不是我自創，我只能算是以學習的態度去完成，更加不能讓這類作品變成帶有作者主觀的詮釋，所以當時創立的粉專才會是「金品繪」而非「池边金勝」。

起初會以「八吉祥」作為我重回創作這條路的開端，是我個人心底對這世界的一份祝福，也是對我自己往後作品的期許。在發表一系列八吉祥唐卡作品的期間，我也開始著手創作自己相當喜愛的多肉植物；或許是那種狀似蓮花又像是奇幻世界裡的植物姿態深深吸引了我，所以決定進行以「景天科」植物為主題的〈景天堂〉系列創作。

從唐卡再到以多肉植物為主題的〈景天堂〉系列，這兩種題材與形式截然不同的作品，就成為了我當初離開職場後重拾畫筆，再度回到藝術領域的人生新履歷。

雖然當年我清楚的知道，這兩種冷門的題材不太可能成為我個人在藝術發展這條路上的敲門磚，一方面是題材並非主流，二來要經營新的觀賞群眾需要時間與機緣的醞釀，算是一種沒有前人鋪路，又沒有大環境輔助支持的情形。但是因為藝術創作的本質就是藝術家個人心緒和意識的轉換，如果不能將自己所熱愛所信仰之物發揮，那這樣的創作本身就隱藏著欺騙與討好，說服不了自己更別說端到別人面前。所以也就這樣堅定的走下去，邊走邊學，冷暖自知，雖然不容易卻也認真地累積了一些作品，獲得了一些喜愛唐卡藝術，以及多肉植物愛好者的關注。

隨後，二〇一四年發生了苗栗三義外環道開發案恐會影響石虎棲地，以及金門的兩隻小歐亞水獺因為工程整地時破壞了他們的巢穴，只能轉送到台北市立動物園收容（也就是後來的「大金」、「小金」），這兩起新聞事件不僅引起了喜愛動物的我注意，更讓我驚覺自己長久以來對台灣生態的陌生，因為在此之前，我從不知道台灣存在著石虎、歐亞水獺或是東方草鴞這些珍奇的野生動物，等到發現時卻都已經是瀕臨絕種了。

這樣的衝擊使我自覺，生長在台灣卻對台灣生態缺乏更深的了解，也激起了我對野生動物的關懷，急迫的想要做點什麼。於是二〇一四年便開始野生動物與多肉植物的水彩創作，並發表〈護生〉系列作品，同時積極籌備畫展，希望將這份關懷化為一種讚頌、分享與彌補，讓台灣的野生動物能透過藝術之窗被看見。

也從那時候起，我更加確立要將「多肉植物」的題材，轉化成屬於我的作品裡全新的象徵語言──「慈愛」。由於國內外創作野生動物相關作品的藝術家相當多，因此我希望我能夠再創造另一條，觸動愛與關懷的路。我的創作理念，除了希望藉由藝術的形式，提升野生動物在人們心中的層級，讓野生動物透過心靈的感受被人看見，更希望人們因為喜悅和感動，而讓心中愛護生命與環境的種子萌芽。所以我作品中的那些「多肉植物」，就代表著人們對野生動物及環境的關愛，當這樣的力量成為實體，野生動物就能安心的生存在這個世界，當人為自己以外的生命多留一份心，多一些體貼，最後這樣的世界也必能讓人感到安穩祥和。

台灣的藝術環境裡，創作野生動物題材並非主流，更別說還有很多人不熟悉的多肉植物，但我發現我一定是很喜歡畫圖，很喜歡那些我筆下的野生動物和多肉植物，才堅持了一段不長不短的歲月，除了越來越堅定自己的步伐，也開始不斷的有新的想法想要嘗試，這當中包含著好奇以及對自我突破的期待。雖然創作過程的苦思與執行都是孤獨的，卻因為不忍那些還未問世的作品構思就這樣遺留在自己腦海裡，所以總是逼著自己要再多做一點什麼，讓更多人親近藝術，親近自然，並將我自己從中感受到的愉悅也能讓他人感受到。

就這樣，我又開始了繪本風格的插畫創作，並在二〇一六年正式發表了〈金金祕林〉的系列作品，二〇一七年將這些作品匯集成「公益桌曆」進行義賣，從那時開始之後的每一年都固定以「一年一故事」的方式製作繪本風格的公益桌曆，並將售價的部分比例捐款給南投的特生中心

「野生動物急救站」，除了希望以繪本的溫暖吸引大眾認識和熟悉野生動物，連接起人與自然環境的關係，也希望藉此，為關心野生動物的群眾創造一處著力點，能去替野生動物保育共同出一份力。

這樣的創作進程，似乎也反映出自己認為身為藝術家應該具備的特質與擔當，我堅信藝術本就是該為世界服務，藝術家本就有著成為時代的語言並引領社會走向進步的責任，不論你是要追求靈性、評判時事或是人道關懷，這都是藝術存在人類文明中無與倫比的重要角色。

雖然自覺在這條路上可能還是渺小的稀有動物，但是在這堅持信念和追尋的過程中，難能可貴的是，不僅結識了很多相同理念的朋友和企業家，也獲得了很多人協助與提點，更榮幸受到「時報出版」的文化線主編謝鑫佑邀請，所以今日才能夠將我的圖、文創作轉換到書本，成為另一種藝術形式。

我自認為本身沒有寫作的才華，但為了自己熱愛的藝術和野生動物，還是努力寫了，希望能將我從這塊土地感受到的美麗、哀愁與希望傳遞給各位讀者，也感謝願意翻閱或收藏此書的你。

水獺與朋友們記得的事（上）

水獺與朋友們記得的事（下）

台灣曾是有熊國——台灣黑熊

雖說熊小孩終有一天要離開媽媽自己生活，但若那一天來得太早，可是會讓熊媽媽憂心的，還好一路上受到很多關愛與協助，熊小孩終於長大，帶著許多祝福開始獨立生活，或許童年際遇離奇，卻也讓這世界學會愛，學會有一種心願叫做「我只要你平安好好過」。

愛的熊抱

水旺與水生來到了熊掌花園，看到黑熊妹在熊掌花裡睡得憨香，兄弟倆也覺得熊掌花毛茸茸的很舒服，難怪黑熊妹特別喜歡來這裡，因為有熊掌花的包圍，就好像小時候睡在媽媽的懷抱裡那樣安心滿足。

作者序｜觸動愛與關懷的路

第二十一章

台灣曾是有熊國——台灣黑熊

台灣曾是「有熊國」，烏黑的毛皮，巨大的身形，胸前一道V字形白色花紋，就是台灣唯一的熊科動物「台灣黑熊」的特徵。

雖然台灣黑熊還存在這片土地上，但是野外的數量僅剩兩百到六百隻，比台灣許多外來種動物數量還要稀少，就算是最樂觀的六百隻，對野生動物的族群繁衍而言仍是在危險邊緣，從這樣的現況來看，台灣雖然有熊，但他們已經不是台灣原本的森林之王了，何時才能讓台灣重回有穩定黑熊族群的美麗國度，還有待政府如何積極的做出更有效的作為，以及民眾對環境保育觀念的深化。

台灣黑熊是亞洲黑熊在台灣的特有亞種，是冰河時期就存在台灣島上的大型食肉目動物。雖說是食肉目，但是黑熊屬於雜食性，除了狩獵中小型動物外，種子、水果、嫩葉或蜂蜜等都是黑熊會攝取的食物，可見黑熊的適應力高強，才讓他們的族群從冰河時期就存續下來。即便到了二十世紀初的日治時代，台灣黑熊還曾廣布中低海拔山區，但後來因為狩獵的威脅與都市擴展，台灣黑熊已經退守到海拔一千公尺以上的山區。

生性機警的台灣黑熊體型雖大又強壯，卻總是會避開有人的環境，如此害羞與世無爭的大型動物，卻長期受到獵捕危害，在野保法頒布以前，狩獵法從未被有效執行，使得台灣黑熊因為在民間迷信熊膽、熊骨等偏方以及饕客嗜吃野味的市場刺激下遭受大量的獵殺。到了一九八九年〈野生動物保育法〉成立，仍未終止台灣黑熊因為違法黑市交易而被盜獵的情形，所以台灣黑熊的族群數量多年來始終難有穩定成長。諷刺的是，台灣近代最常被政府機關或是公司企業當作吉祥物的野生動物，就是數量已經瀕危的台灣黑熊，雖然一直是「明星物種」，但這些對他們的保育工作卻沒有實質的幫助。

野保法實施後的初期，政府執法焦點著重在國際上的野生動物非法販運，但是對於台灣本土的野生動物保育，並沒有足夠的經費與人力能夠讓法律發揮效用，所以在執法能量不足的情形下，民眾的守法意識普遍薄弱，甚至連台灣有一部野保法都不清楚，才因此讓野生動物的盜獵情況不斷發生。台灣黑熊更是盜獵集團在黑市交易的重要提款機，就連剛出生的小黑熊也可能會被捕捉販售成為寵物，雖然沒像成年黑熊那樣斷熊掌、取熊膽然後失去生命，但一經人為飼養也等於被人類判了終生監禁，離開了媽媽也遠離了森林。

二〇〇一年的冬天，一對小台灣黑熊在大母母山區，被一位正在找尋愛玉樹的獵人遇見。兩隻小黑熊年齡約四、五個月大，體型頂多是中型狗的大小，圓滾滾的身體大大的黑耳朵，模樣引人愛憐，獵人一見欣喜，便擅自將那一對小黑熊抱回家中飼養。當家中有小黑熊的事傳遍了部落，獵人在族人的警告下，因為擔心觸法就轉送給高雄的友人，小黑熊們再次錯失了回家的機會。

兩隻小黑熊到了高雄後就開始過著「寵物」的生活，直到體型漸長力氣漸大，小黑熊們愛探索與玩耍的天性，對人來說卻像是難控制的破壞狂，飼主又擔心傷及家人，便長期將小黑熊們關進空間窄小的狗籠中長達三年，直到籠子空間越來越不能容納體型漸大的小黑熊們，於是飼主主動聯絡屏東縣政府協助收容，兩隻小黑熊才由屏科大野生動物收容中心接管。

當時野保法雖已實行十年多，但保育觀念卻仍不普及，這樣因為獵奇就私自圈養野生動物的情形所在多有，尤其是可愛的野生動物幼獸，民眾通常都沒意識自己對野生動物的喜愛，不僅讓親子分離，更對幼獸造成枷鎖終生的傷害。來到屏科大的小黑熊，公的被取名「黑皮」，母的被取名「黑妞」，在收容中心待的時間大約五年多，直到二〇〇九年才因為繁殖復育計畫移至特生中心低海拔試驗站。

黑皮、黑妞與台灣其他被民眾私自圈養的台灣黑熊相比，他們兄妹倆的運氣要相對好一些，有專業的獸醫師長期看顧健康狀況，也有較大且豐富度高的籠舍，但是像黑熊這類大型的食肉目動物，在野外需要的活動範圍就將近五百平方公里，他們的生理條件天生就是為了攀爬樹木、翻石挖土搜尋食物，或是短暫衝刺奔跑以獵捕中、小型動物，是種能量滿滿又爆發力強的大型動物，所以幾乎沒有一個人工的飼養場所能滿足台灣黑熊這種高智商也高體能的動物，一旦被圈養，為了消耗體能與分散環境單調的壓力，多少都會出現像是來回走動或是不斷自舔傷口的刻板行為。

黑妞幼年在高雄飼主家中就因為籠舍窄小，出現刻板行為，會對磨破的腳掌傷口不斷反覆舔舐，以至於傷口總難癒合。後來到了特生中心，研究人員才協同訓練師設計針對黑妞的行為課程並將食物豐富化提高，也讓她定期到戶外籠舍探索，增加她生活的刺激分散壓力。而黑皮雖然沒有自殘行為，但是反覆的搖頭或是來回踱步的情況一樣也有。試驗站內圈養的台灣黑熊一共有五隻，每隻黑熊每天都有一半的時間會出現程度不一的刻板行為，這也證明了黑熊在圈養的環境下，就算照養員再用心照料、圈養設備再豐富，都無法提供像森林那樣自由無拘、跟日出同行與星月同眠的自在生活。

二〇一九年十二月，由知名登山節目主持麥覺明導演，花費十一年所製作拍攝的生態紀錄電影《黑熊來了》上映後，榮登年度紀錄片開片冠軍，全台票房累計破千萬元，成為台灣紀錄片票房史上第九名，更是目前唯一擠進賀歲檔的紀錄片電影。這當中的原因除了近十年在社群媒體的幫助下，許多野生動物的保育困境能見度提高，民眾關心生態與野生動物的比例增加，付出行動的人也越來越多，再者就是電影上映前一年，因為在花蓮南安瀑布附近發現落單的小黑熊「妹仔」，讓遠在高山上的黑熊與人間的距離再度拉近，全台灣當年對黑熊保育的相關議題，關注度空前的升高，南安小熊一夕之間成為了全民的「熊妹妹」，並寫下野放台灣黑熊的新頁。

二〇一八年七月十日，有遊客在花蓮南安瀑布附近，發現一隻三到五個月大的台灣黑熊幼熊，這個時期的小黑熊尚未斷奶，因為不明原因造成小黑熊與母黑熊走散，所以第一時間花蓮林管處人員在現場布置了簡易圍籬，防止外來遊客進入，希望熊媽媽能再度回來把小熊帶走。

但消息從媒體傳出後，就吸引少數遊客前來小黑熊走失的地點附近拍照留念兼打卡，希望能目擊或拍到小黑熊身影，甚至有遊客闖進封鎖線內尋找，這些人為干擾可能都是導致母黑熊一直沒有出現的原因。雖然後來經過媒體勸導並加強管制，總算阻絕了前來的遊客，但是仍然不見母黑熊出現，小黑熊持續在南安瀑布附近等待，這段期間研究團隊密切觀察小黑熊的行為以及生理狀態，發現到小黑熊活動力逐漸降低。

小黑熊等待母黑熊回來的時間總共兩週，到了後期，小黑熊身體越來越虛弱，林管處與研究團隊準備的食物幾乎都不再進食，甚至開始體重減輕、出現下痢的狀況，最後有關單位與研究學者討論決定先將病懨懨的小黑熊搶救安置，再透過野訓計畫讓她回到森林的家。

小熊剛救援安置的時候，經過獸醫師檢查發現有肺炎、貧血，鼻中還有幾隻鼻蛭，足以見得當時若繼續讓小黑熊留在原地狀況會更不樂觀，所幸在林務局與黃美秀老師帶領的黑熊研究團隊悉心照料下，這隻台灣史上第一隻被從野外救援安置的小台灣黑熊，很爭氣的恢復了健康活潑的狀態，還被研究團隊取了「妹仔」的暱稱，而妹仔恢復健康之後才是研究團隊挑戰的開始。

首先妹仔的野訓經費就是問題，所以當時「台灣黑熊保育協會」發起了小額捐款的募資活動，全台各地捐款者就有兩千四百多位，募到的款項約四百五十多萬。各界關心小黑熊的力量不只是化為實質經費，更有許多民眾透過協會粉專的食物募集資訊，寄送多種適合小黑熊妹仔食用的水果、地瓜等食材，讓妹仔在野訓過程能有豐富多樣的食物供給。

除了在短時間籌備照養經費與食物之外，野訓過程需要的場地也極為重要，恰巧位於台中烏石坑的低海拔試驗站，有一座全台相對適合小黑熊野訓的展場，位處一片原始林中，面積有兩千四百平方公尺；這裡是大約十多年前，為了兩隻由人工飼養繁殖的小台灣黑熊，進行野放訓練而準備的野放籠舍。後來計畫中止場地閒置，籠舍內外的樹木野草更加茂密，也更接近原始林的樣貌，正好符合小黑熊野訓條件。妹仔就在各方援助與研究團隊悉心照料下，逐漸成長茁壯，開始了由人代母熊之職的野訓遊學之旅。

小黑熊被救援安置時的年紀雖小，卻也展現許多讓研究團隊過去從未見過的行為，像是剛到野訓展場時，就已經會爬到樹冠層利用周邊的植物當素材做出睡覺的窩，研究團隊推測這或許就是野外的台灣黑熊，從小就會跟著母熊學習所獲得的生存技能，這隻不小心來到人間遊歷的小黑熊，不僅牽動著台灣許多人的心，在這十個月「野訓遊學」期間，也開啟了人們對台灣黑熊新的認知，帶給黑熊研究團隊難能可貴的野訓經驗。

在野訓計畫下成長的妹仔，不負眾望的越來越具備野放條件，但是妹仔準備好了，野放的環境又在何處?經過研究團隊的研議決定，以花蓮山區做為野放妹仔的地點。再來就是野放環境附近的居民準備好了嗎?為了讓山區部落的居民也能成為妹仔的守護者，研究團隊多次進入部落宣導，經由黃美秀老師與團隊的誠心請託，加上妹仔的知名度，部落居民幾乎都欣然歡迎這隻素昧平生的小台灣黑熊，也答應成為妹仔野放後的「護妹使者」，這隻算是由「全民養大的」的台灣小黑熊妹仔，就在二〇一八年四月三十日於全國的矚目下完成了野放，並在台灣黑熊保育協會的無線電追蹤項圈及定點相機的監測下，證實了一年之後妹仔還健康平安的在野外獨立生活，讓台灣許多關心妹仔的人，為妹仔的適應良好感到開心，也為台灣的黑熊保育成績感到些許的驕傲。

這隻台灣第一隻救援後再野放成功的小熊，來人類國走一遭之後，不僅給黑熊保育帶來可貴又實用的經驗，也讓台灣民眾上了一堂難得的公民生態保育課。

妹仔的成功野放，替往後台灣黑熊的存續似乎找到一線生機。相較十多年以前，近幾年雖然生態保育的公民意識更加扎根，山區裡對黑熊的盜獵大幅度減少，但是黑熊誤觸陷阱的機率仍然很高。就算這些陷阱設置目標不一定是黑熊，但是每次有黑熊誤觸，少說都會斷幾根指頭甚至斷掌，就算脫離陷阱存活下來，也會因為斷指殘肢而影響野外求生的技能，或是造成求偶與交配上的困難，這是接下來政府更要積極面對的保育問題。

野保法實施三十多年以來，台灣黑熊的野外族群仍然瀕危，顯示台灣自一九九〇年代開始數次的政黨輪替，對於野生動物保育總是不夠積極，野生動物保育經費還年年下降，即便台灣黑熊這樣的「明星物種」保育經費卻也不足，尤其近代淺山環境過度開發，人與野生動物的遭遇或衝突的機率變高；另外，越來越多民眾花更多時間進入山林從事休閒活動，因此推廣無痕山林也是當務之急，才不會讓台灣黑熊改變食性，影響人與熊之間的和諧。

《黑熊來了》生態紀錄片電影，最後將南安小熊的身影加入作為電影結尾，訴說著如果我們人願意多給野生動物一些機會，一些愛與尊重，迷路的小熊也能重返大自然。電影動聽的配樂運用著布農族的族語，交織出人心中豐沛的生命悸動，觀者好似都化成了小熊，體驗著黑熊的奇幻流浪記，等到電影結束，才赫然發現我們都離開森林太久，忘記了有熊的森林。

一直轉彎白海豚——
台灣白海豚

我們不是海洋的旅行者，而是棲息在海岸周邊的居民，在近海與河口巡弋，守護海岸的和諧穩定，有時也向路過船隻展示我們雪白的身體，讓他們的出航回航都有被神明守護的感覺。十年前我們犧牲眾多的族民，才換來了一片濕地的長存，人啊！這塊土地不能只靠我們，因為我們已經所剩無幾，力氣耗盡。

海中好朋友

金金祕林的河流流向大海，水生與水旺經常去出海口附近玩耍，於是在那裡認識了白海豚家族，其中大白與水生感情最要好，大白會讓水生趴在背上，毫不費力的在海裡優游。

第二十二章

二〇〇二年（民國九一年）

一直轉彎白海豚——台灣白海豚

全世界的鯨豚種類大約八十多種，其中約有三十種以上的鯨豚會出現在台灣四周海域，占了世界鯨豚總類將近三分之一；鮮少有國家的周圍海域能有這樣豐富的海洋生態，令不少國外學者專家稱羨。

有些種類的鯨豚在台灣近海就能觀察到，甚至有出海幾百公尺就可以發現的鯨豚族群，「台灣白海豚」就是台灣西部沿海最有知名度的海豚。但目前根據台灣相關鯨豚保育組織的觀測，台灣白海豚的數量已經不到六十隻，被聯合國鯨豚專家列為野生動物紅皮書最高保育等級的極危等級。

「中華白海豚」又稱「太平洋駝背豚」或「印太洋駝背豚」，主要棲息於西太平洋和東印度洋的熱帶及溫帶沿岸海域，一九九〇年代初，因為香港興建國際機場的關係，擔心影響到中華白海豚的棲地，才開始受到國際與香港社會關注。而台灣直到二〇〇二年才開始以科學觀測的方法在台灣西海岸進行正式的海上調查，從此證明了台灣西海岸有中華白海豚的存在。這些中華白海豚一生都住在苗栗到台南之間的近海，離岸大約三到五公里的海域中，因為地理上阻隔關係，無法與中國及香港沿海地區的中華白海豚基因交流，所以身上的斑點與族群行為也不同，台灣的學界經過十三年科學研究，確認了台灣西部沿海的中華白海豚為台灣第一個鯨豚類新亞種，並於二〇一五年更名為「台灣白海豚」。

台灣白海豚成長分成三階段，第一階段嬰幼期身體呈現深灰色；第二階段青少年期身體顏色逐漸轉淡，布滿藍灰色斑點；第三階段成年到老年全身轉為白色，有時因活動的關係，血液流經體表使得皮膚呈現粉紅色，因此也稱作粉紅海豚。每年農曆三月媽祖誕辰時，東北季風漸漸轉弱，海上作業的漁民偶爾可以見到白海豚在海面換氣的雪白身影，便戲稱他們是來向媽祖祝壽的，因此俗稱這些白海豚為「媽祖魚」。

但即便有個如此響亮的稱謂，台灣一直以來對白海豚的研究卻不多，社會大眾普遍不知道台灣近海有如此美麗的白色海豚存在。直到二〇一〇年台灣白海豚首次大篇幅的出現在新聞媒體版面，竟是因為「國光石化開發案」的關係。當時台灣白海豚的數量僅剩不到一百隻，卻遇到國光石化打算在彰化外海濁水溪口，台灣最大的潮間灘地，以填海造地的方式興建輕油裂解廠及工業港，利用面積廣達四千公頃。這項開發案尚在環評時就引起環保團體嚴正抗議，認為此項建設將嚴重危害台灣白海豚的棲地，便由彰化環保聯盟發起「全民認股，守護白海豚」行動，計畫以網路募得的一億六千多萬元承諾書，購買彰化外海濁水溪口濕地作為保育區。這是首次全民認股購地的環境信託活動，顯現環保團體的決心，也引起社會大眾對台灣白海豚保育的響應，因此當年活動才能提升到政治層面，隔年四月政府便宣布不支持國光石化案在彰化縣繼續進行。

台灣外海的鯨豚研究一直以來受限於經費拮据與人力不足，加上鯨豚追蹤不易，研究資料累積緩慢。台灣白海豚的研究同樣也受限於以上因素，但自從二〇〇二年確認台灣西岸族群開始，就因為他們的獨特性及數量稀少的狀況，受到不少相關保育團體的關注，二〇〇六年這些保育團體更共同組成「媽祖魚保育聯盟」，以民間力量共同推動台灣白海豚的保育，對台灣白海豚進行蒐集科學數據的野外調查，以確認他們的族群現況、棲息區域範圍、族群特徵與習性等重要資訊，推斷出台灣白海豚會受到哪些環境不利因素影響，造成行為異常甚至死亡。

根據香港與台灣相關學者專家多年的研究發現，中華白海豚大多棲息近岸較淺的海域，特別是大型的河口附近，有時甚至會進入河流當中，而台灣白海豚的棲地主要集中在苗栗、台中、彰化、雲林和嘉義近岸淺海，台南沿海是最南端的目擊紀錄。在天然的環境下，近海、沿岸或河口有中華白海豚賴以捕食的底棲與珊瑚礁魚類、頭足類，所以中華白海豚通常生存在水深不超過二十五到三十米的海域，再深的海域就不是中華白海豚或台灣白海豚會出沒的範圍。因此就算海洋再廣大，適合中華白海豚覓食、繁殖與養育幼豚的環境卻相當有限，偏偏這樣的海域又時常跟人類的漁業活動或近岸工程重疊，人類對河川的汙染，以及中上游的工業及都市發展對河川的利用，也會改變出海口的水域品質，這些變化都會影響白海豚的生存。

根據「媽祖魚保育聯盟」所公布的資料顯示，台灣白海豚的生存面臨了五大危機，分別是棲地破壞及消失、廢水及空氣汙染、漁具誤纏、河口淡水注入量減少、水下噪音，全部都跟人為因素有關。當中棲地的減少影響甚巨，因為擴充或闢建沿海的工業區用地，採行的填海造陸工程會破壞海洋生態環境以及白海豚的棲地，苗栗到雲林地區之間的攔河堰與電廠，讓河川失去稀釋汙染的能力，也讓大量河口減少，因此台灣白海豚無法獵食到充足的食物；更因為沿海的水質汙染或誤食垃圾，造成長期在健康上的危害，導致年長的白海豚陸續凋零，新生的年幼海豚又來不及長大為族群補充新血，台灣白海豚的數量才會逐年減少。

就在台灣白海豚的保育刻不容緩之際，二〇二〇年的「示範風場」離岸風機施工及運轉噪音又對這些數量不到六十隻的珍貴白海豚，帶來了新的生存隱憂。由於海豚是靠聽覺來判別方位與行進，也靠聽覺來覓食與溝通，所以過強的施工噪音對於聽覺極其敏感的海豚來說，都是極大的長期干擾，甚至導致行為失常或免疫力下降而死亡。所以有學者建議，希望在白海豚的棲地內，施工時的音量分貝數該低於一百四十分貝，才能對白海豚的傷害降到最低。雖然施工廠商對這樣分貝音量限制都有環評承諾，但是施工時的實際狀況以及廠商對承諾的履行，都有待日後政府確實的嚴格監測把關。

台灣為海島國家，有豐富多樣的海洋資源，對海岸的利用無可厚非，但是一直以來的漁業濫捕與海岸建設造成的永久性破壞，都有失永續利用的精神及符合生物多樣性的保育策略，當年政治人物的一句「白海豚總會轉彎」更凸顯出對瀕臨絕種的保育類動物是如此不了解，動物福利的考量在當時也不夠深化普及，因此才引起諸多保育團體與民眾，為了世界僅有的台灣白海豚而疾聲呼籲。

鯨豚是海洋中頂級的消費者之一，台灣周圍海域的鯨豚存續，不僅是海洋的健康指標，更反映出我們對海洋資源的利用態度，當台灣白海豚以平均一年減少一到三隻的情況走向絕種邊緣，正是提醒我們，台灣西部沿岸的生態正在崩壞，而消失中的白海豚正是對我們的警訊。

世界的鯨豚分布中，台灣約占有三分之一，也代表了台灣有相當重要的守護與監測責任，當政府積極開發離岸風電的時刻，近海的生態調查卻又明顯不足，代表長期以來台灣的環境開發與生態保育，總是在衝突，也總是在不對等的天秤上，所以野生動物只好不斷閃避，不斷轉彎。

草原裡的蘋果臉——
東方草鴞

金色驕羽的巡弋，開始於夕陽，展動無聲的翅膀，像是魔法的使者神祕又優雅；雖是個勇猛的冒險者，卻生了一張蘋果臉，萌透了整片草原。

金金草原

月美與她的孩子們不住在樹上，而喜歡生活在茂盛的草地裡，於是金金祕林就生長出了一大片金黃柔軟的草原，讓月美與她的孩子及同伴們能生活在安心舒適的環境。

第二十三章

二〇〇三年（民國九二年）

草原裡的蘋果臉——東方草鴞

台灣是賞鳥王國，從都市到鄉村，或是淺山到高山，都可見到鳥類的蹤跡，在這多樣的鳥類生態中，屬於夜行性的貓頭鷹是這鳥類王國裡神祕的一群。

台灣目前已知的貓頭鷹共有十二種，其中有一種目擊紀錄最少也最難被發現的種類，就是「東方草鴞」。東方草鴞分布的國界廣闊，從東亞、東南亞、南亞一帶都有族群，大部分的貓頭鷹會利用樹洞或是高處的樹冠層棲息，但草鴞卻是少見的地棲型猛禽，喜歡利用丘陵或平原的草叢築巢做窩，所以稱做草鴞。台灣的草鴞屬於「東方草鴞」的特有亞種，是台灣唯一的地棲型貓頭鷹，目前研究顯示，主要分布在台南、高雄偏山區或丘陵地的地方。草鴞獨有的臉部特徵最令人印象深刻，他們正面的外輪廓有如剖半的蘋果，常被戲稱是「蘋果臉」。幼鳥時期的草鴞臉部毛色呈現淡褐色，加上圓亮的雙眼與淡粉色的嘴喙，遠看與猴子有幾分相似，所以也俗稱「猴面鷹」。

草鴞的另一個特徵是修長的雙腳，能夠進行短暫的衝刺以獵捕在地面的小動物，也會用腳在草叢中踩踏出用來棲息或是育雛的巢穴，是種擅於地面活動的貓頭鷹。草鴞是標準的夜行性動物，生性機警，白天會躲藏在地面的巢窩，要天黑後才會出來活動，天亮前便返回棲地休息，加上背部黃褐色深淺不一的斑駁花紋，白天在草叢裡能具備良好的偽裝效果，所以相當不易發現。

台灣學界對草鴞正式的野外調查工作起步較晚，由於草鴞生性敏感，對人為的環境干擾耐受度較低，喜好人煙稀少的地區，但他們賴以棲息的草生地卻又與人類開發的各種建物或農業用地高度重疊，從過去發現草鴞的紀錄推測，草鴞在台灣的野外數量並不樂觀，粗估可能不到三百隻，二〇〇八年被列為第一級瀕危保育類野生動物，已在絕種邊緣。

草鴞在台灣被發現的紀錄都集中在嘉南平原以南的地帶，台南、高雄、屏東是發現紀錄較多的縣市，但台灣東部與北部則幾乎沒有發現紀錄。早期台灣中部以南的軍民航基地，因飛安緣故所架設的鳥網上，偶爾會意外發現草鴞掛網死亡，或是經由通報而轉送相關單位救治的個體，這些因遭鳥網捆住的草鴞，就成為一九九〇年代以來唯一的草鴞紀錄，直到二〇〇三年，高雄市野鳥學會在中寮山進行生態觀察的時候，意外在草叢之中發現神祕罕見的草鴞巢位，才開啟了東方草鴞在台灣正式的野外觀察。當年發現的巢位中還有幾隻草鴞幼鳥，所以也是首次在野外發現的草鴞繁殖紀錄，令高雄野鳥學會的成員欣喜振奮，這項發現不僅證明了草鴞對草生地環境的利用，也讓草鴞的保育工作跨前一步。

由於草鴞的野外調查不易，所以一九九〇年代後期對草鴞的近距離觀察，主要是來自於從野外救傷回來收容的個體。二〇〇五年，位於南投的特有生物研究保育中心，就成功的讓收容中的草鴞配對並繁殖出一對幼鳥，也是台灣首次在人工環境下復育東方草鴞的成功紀錄。兩隻草鴞分別是八十九年與九十年來到特生中心，八十九年的那一隻草鴞在台南空軍基地遭鳥網纏住，被轉送至野生動物急救站，九十年的草鴞是在幼鳥階段被人於農田的草叢中發現，同樣轉送到野生動物急救站照顧。

起初急救站並不清楚這兩隻草鴞的性別，便抽血做性別鑑定，發現兩隻草鴞正好是一公一母，因此嘗試讓兩隻草鴞接觸，很幸運的，草鴞出現了發情求偶的行為而成功配對，並在二〇〇五年一月產下第一顆蛋，到了二月中旬共產下四顆蛋。

特生中心的研究人員觀察到，草鴞的孵蛋工作主要是由母草鴞負責，公草鴞則外出狩獵並帶回食物給母草鴞；雖然公草鴞也有嘗試要孵蛋，卻會被母草鴞驅離，是相當有趣的發現。在這次產下的蛋中僅有兩顆受精卵，兩顆都成功孵化，令急救站與特生中心的研究人員又驚又喜。兩隻幼雛孵化時間相差一天，孵化後同樣由母草鴞看顧，而公草鴞負責將獵到的食物帶回巢穴交由母草鴞食用，母草鴞在食用的同時也會撕裂部分肉塊餵養幼雛。這是學術單位首次觀察到神祕的東方草鴞，能在人工營造的草叢環境下配對繁殖，並且成功將幼鳥育養長大的紀錄。這些資訊都能提供給在野外研究草鴞的第一線人員，成為在追蹤草鴞時的有效參考。

草鴞主要以小型哺乳動物為食，尤其喜好捕食鼠類，每年大約十二月開始到隔年四月是他們的繁殖季，但這段期間不巧也與南部農村大規模的滅鼠活動撞期。台灣從一九七〇年代開始就有「滅鼠週」的活動，主要是起因於防止鼠害造成農損，但是毒鼠期間因為老鼠死亡繁殖數量降低，連帶也讓許多日棲型猛禽與夜行性的貓頭鷹食物來源減少，而中毒的老鼠也因為行動遲緩容易被捕捉，間接讓許多會捕食鼠類的野生動物二次中毒。

因此可以想見毒鼠劑這類環境用藥，導致台灣的猛禽在生存與繁衍上受到深遠的影響，草鴞自然也是當中的受害者之一。因為這些吃了毒鼠劑的老鼠大約會在一週內失血死亡，這段時間裡中毒的老鼠行動逐漸遲緩，很容易讓草鴞等鳥類經由捕食或食用屍體的方式造成二次中毒。根據高雄野鳥學會觀察發現，草鴞在繁殖育幼期間，每晚能獵捕約六到十二隻的鼠類，這些由親鳥辛勤獵捕到的老鼠，對草鴞寶寶們來說本是最營養的食物，怎料卻可能是讓珍貴的草鴞一家送命的災禍。

二〇一六年，高雄市野鳥學會就曾在山區觀察到三處草鴞的巢區，但不幸的是其中一巢的母草鴞某日被發現死在巢位前，而巢中的四隻雛鳥已經不知去向。高雄市野鳥學會著手調查死因，將死亡的母草鴞送驗，發現死亡母草鴞的體內殘留著「可滅鼠」與「撲滅鼠」兩種毒鼠藥成分，殘留的濃度皆超過猛禽致死率，幾乎可以判定這隻母草鴞的死因是體內毒鼠藥的累積過高而中毒死亡。

由於老鼠是草鴞的主食之一，所以草鴞只需吃到幾隻中毒的老鼠，很容易就會讓成年草鴞死亡，何況是還在雛鳥或幼鳥階段的草鴞寶寶。雖然農委會在二〇一五年已經停辦「全國滅鼠週」的活動，不再補助農地滅鼠藥劑，但是南部鄉間仍有在秋末作物休耕時投放滅鼠藥的習慣，而且地方農業及環保單位仍會配合發放，所以造成這隻母草鴞中毒身亡的毒鼠藥，可能就是來自在農間實行多年的毒鼠習慣。

除了毒鼠藥，農村也慣用小型獸夾捕鼠，或是用鳥網與驅鳥繩來防治鳥害，這些外在因素也都是草鴞會遭遇到的致命陷阱。所以近年高雄市野鳥學會積極的在發現草鴞區域附近的農村進行保育知識推廣，要讓以往不為人知的神祕草鴞能進入農村民眾的生活中，讓大小朋友知道周遭環境生態的豐富與脆弱，勸導民眾改變以往防治鼠害與鳥害的方式，才能夠提高農村居民的保育意識。

除了帶毒的老鼠危害著草鴞，棲地的消失也是主要讓草鴞族群減少的原因，早期發現草鴞的紀錄，雖然都是來自於軍民航基地所架設的鳥網上受困或死亡的個體，但是也間接證明了這些地區附近的草生地存在著些許的草鴞族群。

由於這些管制區內人跡罕至干擾也少，是草鴞適合的棲息環境，然而不幸的是，二〇〇三年起全國各軍用基地內開始進行農隙地回收，割草作業委外經營等管理制度的變革，原有的草生地被填平或改為其他用途，草鴞能利用的面積大幅減少，因此近年各地機場內已經幾乎未再傳出發現草鴞的紀錄。

由於草鴞偏好生存在海拔〇到五百公尺左右的草生地，這樣的環境很容易被人為大規模開發，使得草鴞的棲地縮減與破碎。二〇一六年中央政府定案的「台南沙崙綠能科技城」，就是緊鄰草鴞主要棲地「沙崙農場」，當年還因為國際知名導演李安建議在此興建國際影城，而引起許多保育人士提出反對意見。

沙崙農場地勢平坦，在政商眼中就是一塊不用可惜的寶地，但是此處雖然看似荒煙蔓草，卻是許多野生鳥類賴以棲息的場所。不只東方草鴞，還有保育類的冬候鳥紅隼、保育類的黑翅鳶、環頸雉，以及紅鳩等珍稀鳥類，甚至台灣野兔也會在此出現，足見沙崙農場孕育著相當多樣豐富的生態世界。雖然綠能科技城是位於已開闢的產業專用區內，但將來大量往來的車流、人潮、垃圾汙染或是夜間光害，對野生動物來說都是最直接的衝擊。

台灣近代的保育推廣著重「生物多樣性」的理念，也是我國〈野生動物保育法〉中首要的原則，只是一旦面臨經濟議題，「開發」就成了首位，環境評估反而是阻礙甚至是可以略過的形式。經濟開發與生態保育長久以來處在對立的拉鋸中，而且可以發現在這樣的過程中，人對土地的利用即便已經踏進淺山環境，卻對地方的經濟發展幫助有限，反而使得環境遭到永久的破壞，也讓在地的文化與自然特色消失。在經濟發展與生物多樣性沒有交集的情況下，人與野生動物遲早都會是輸家。

或許台灣社會應該試著思考符合生態永續的「經濟的多樣性」，才是台灣未來的重要課題與出路。多采多姿的生態滋養出人類的文明，除了提供人類所需的一切，更激發出人類無比的創意，人類不斷從中發現新奇事物，就像如果沒有揭開草叢的面紗，我們將永遠不知道這些腳長長又會飛的可愛蘋果臉原來離我們這麼近。

我們需要學習的是仔細觀察聆聽，才能體會草地裡蘊含的可貴生命，而不是用眼睛遠觀，只看到一塊「荒地」。

不住相布施——
宗教放生

在這裡，我們一起遊山玩水，享受天之遙地之廣，若你需要陪伴，我會在你身旁，守候你入夢鄉。

水旺與水生

水旺與水生兄弟倆滿一歲了，身體都變得更健壯，不變的是兄弟倆的感情還有水旺愛睡覺及水生愛探險的個性；這一天水生準備去拜訪金金祕林的朋友們，於是試著叫醒還在熟睡的水旺一起同遊金金祕林。

第二十四章

不住相布施——宗教放生

二〇〇四年（民國九三年）

台灣近代，野生動物面臨的生存威脅幾乎都跟人為的活動有關，除了自然環境被大規模的開發造成野生動物棲地減少，外來種野生動物的入侵也是增加台灣原生動物生存壓力的因素之一。

外來種動物進入台灣野生環境的現象可追溯至民國六、七〇年代，像是外來種寵物魚、寵物鳥的棄養，或是早期養殖業者引入外來種福壽螺、牛蛙等經濟動物，卻因為不被民眾飲食習慣接受，而將大批外來種生物流放，甚至到了民國七〇年代，因為興起一股「宗教放生」的風氣，這些沒有食用價值但卻容易人工大量養殖的牛蛙、魚類或是觀賞用鳥類，就轉變成為長期商業化與期約化的「放生動物」。

台灣在外來種動物的引進與放生規範上長期以來一直無法可管，也沒有明確的究責單位，當這些外來動物已經在台灣野生環境裡繁衍多代，並危害台灣原有的「生物多樣性」時，想要設法移除往往為時已晚。例如坪林的「北勢溪」或是南投的「日月潭」，在一九九〇年代中後期，都已經可以發現外來種魚類大量取代原生種魚類，變成「定居」在此的野生生物，原生的魚類、蛙類等水生動物，不是成為這些強勢外來種魚類的食物，就是因為資源的競爭關係造成了族群減少。這些水庫、溪流或風景名勝因為較容易被注意與察覺，才得到地方主管機關些許的關注，但是即便發現問題，卻又因為苦無有效對策所以難以挽救，而其他較無人注意的水域和山區，因為缺乏巡邏與調查的人力，使得台灣的自然生態多年來一直因為持續不當的放生活動而遭受破壞。

在台灣從事宗教放生活動的團體主要是「佛教」與「道教」，近二十年來，社會已經普遍將這些宗教界的放生行為稱之為「亂象」，其中原因並非針對特定的宗教信仰本身，而是對放生的行為感到疑惑與反感。例如某些大規模法會講究的是放生越多越好，因此也需要購買更多動物來符合數量，當這樣定期大量的供需系統建立起來，讓放生活動成為了一種買賣活體動物獲利的商業行為，似乎與原本要拯救動物脫離危難的想法相去甚遠。又或者是大型放生活動從開始到結束，常能見到不少被放生的魚類、烏龜或是鳥類等動物，因為緊迫或不適應環境而大量陸續死亡，「放生」變成了「放死」，因此才被大眾稱之為「放生亂象」。

二〇〇四年八月「台灣動物社會研究會」與「高雄市教師會生態教育中心」共同提出了堪稱台灣第一份針對宗教界放生現象的完整報告。此份報告費時一年半，訪查全台兩千多個佛教、道教、密教及各地念佛會等寺廟或宗教團體，報告標題以「先抓我囚禁，再買我放生，是功德還是造孽？」指出放生的商業行為中，將動物先囚後放的矛盾，與宗教界「放生」的原義「戒殺」、「護生」、「育物」等理念背道而馳，放生團體與鳥店，以及抓鳥人之間形成利益共生的結構，令保育團體深感憂心。

這份報告訪查的兩千五百四十四個宗教團體中，有效訪談數為兩千零七個，而實際從事放生的團體為四百八十三個，約占四分之一，顯示大多數知名的或地方性質的宗教團體並未從事放生，但由於有將近四分之一的團體，多年來仍持續不斷的進行大小規模不等的放生活動，其危害已對台灣的生態造成嚴重的後果。

訪查報告指出，將近五百家寺廟定期或不定期的放生地點，遍及全台灣的自然環境，如山林、河川溪流、湖泊、海岸，或是人工設施的港邊、水庫、高爾夫球場、公園等。報告中還提到放生活動中對於放生動物數量的計價，大型動物是以隻計，禽鳥類以「籠」計，水族類動物則是「稱斤論兩」，因此難以計數。雖然絕大多數寺廟不願對外公開放生需要花費的金額，總額難以精確估計，不過根據訪查結果，以南投縣一間寺廟為例，其平均每月放生金額高達百萬以上，因此保守估計，全台寺廟每年放生金額至少在兩億元以上，所以由此推斷各種「被放生」的大小型動物數量難以計算。

這些動物因為放生活動的需要而被大量養殖或捕捉，不僅背離了佛陀教育的意涵，更令許多生態相關的專家學者憂心，會造成台灣陸域與水域生態平衡的崩壞、生物多樣性的消失以及汙染，甚至增加野生動物傳染疾病擴散的風險，而這些已發生和未發生的現象將來都需要耗費大量政府資源來彌補挽救。

儘管多年來學者專家提出警告，或是社會上多有質疑與勸誡，台灣的宗教放生活動在民國九〇年代卻不減反增，規模也是越大越吸引群眾「共襄盛舉」，因為主辦的寺院、廟方、精舍在主法法師的「開釋」下，常以放生會有功德來招攬民眾，並將被放生動物擬人化、神格化，在儀式頌文的聲聲催動下，這些放生動物會開悟會感恩，佛菩薩會喜悅，令參與的信眾相信自己是在做好事，因此這樣的好事會讓參加贊助放生活動的信眾，累積現世和來世的福報，甚至能讓自己或親友的疾病因為「放生功德」而好轉，藉此增加參與者在放生時的信心，認為放越多越有福報，越能改善自己的生活和命運。

因此，佛教當中「慈悲護生」的本質逐漸變調，為放而放、流於形式的情況下，就只是追求放生的數量而非救護生命的本質，這樣的放生不僅讓許多宗教界人士搖頭，就算看在一般社會大眾眼中也心懷疑問。

其一是放生法會常常只顧有放就好，卻不思考也不在意被放生動物在過程中的緊迫、缺乏食物飲水，相當不符合動物福利。

其二是放生動物的來源不少是由商人從野外捕捉，相同地區的動物被捉了又放，放了又捉，令動物進入受虐輪迴。

其三是放生行為論調的自相矛盾，只強調自己是為了被放生的動物好，卻不顧野生環境裡的動物因為資源競爭或傳染疾病的關係而死亡。

其四是放生團體對於被放生動物的生態習性極度缺乏了解，常發生像是將淡水魚類放至海水、海水魚類放至淡水，以及陸棲型烏龜丟入水中或大海等荒謬行為。

其五是最令社會大眾與生態學者憂心的，就是外來種動物的野放行為。不少放生團體與養殖場配合，選擇放生較容易大量繁殖也較便宜的外來種鳥類、魚類，多年來已造成台灣野生環境當中的生態平衡改變及崩壞。例如前文提到新北市坪林的北勢溪，雖然多年來執行「封溪護魚」的政策，禁止捕魚與垂釣活動，並於每年六月取消封溪，開放民眾垂釣，但近年來釣客發現釣上來的多半是外來的「鯉魚」、「曲腰魚」等魚種，原本最多的原生種魚「溪哥」幾乎已經看不到，附近居民指證就是多年來經常性的放生活動所導致，因為在毫無管制放生行為的情形下，結果讓當地政府機關的護溪政策只是徒勞，清澈的北勢溪流反成了外來種魚類的樂園。

如同北勢溪這樣水中生態大換血的水域，在台灣其實不少，例如中部的風景名勝「日月潭」，水面下的生態也已經遭到外來種魚類大舉入侵，釣客時常在日月潭釣到「魚虎」、「紅魔鬼」、「玻璃魚」等，全部都是生命力強韌的外來魚種，尤其號稱「水庫殺手」的魚虎，他們幾乎所有水中動物只要能吞下肚的都能吃。魚虎是「小盾鱧」的俗稱，原產於東南亞，掠食性強、繁殖速度快，所以一旦入侵台灣的淡水水域就會威脅到原生種魚類的魚卵、魚苗，以及體型較小的魚類或是兩棲類及水生昆蟲。

造成這樣局面的，除了是只懂「佛法」卻不懂也不管生態的少數宗教團體外，中央與地方政府長期的漠視與怠惰更是主要原因，在生態學者與社會大眾多年來的呼籲及質疑下，卻仍放任部分宗教團體與養殖業者。這樣相互配合造成的錯誤放生行為，通常要等到危害農業或漁業等經濟產業，才會有局部較積極的措施，但至今仍缺乏全面又明確的法律準則。

保育團體指出，現有的法律規範無法有效管理此類的放生活動，因為「集團化、商業化、大量化」的放生，實務上難以從法律角度認定行為人與所放動物具有「飼養或管領關係」，而無法受到現行的〈動物保護法〉與〈野生動物保育法〉當中的「個人棄養」或「非法釋放」規範。即便有許多環保團體與宗教單位極力呼籲修法，政府或立法單位卻時常以尊重民眾宗教信仰來迴避當前急迫的問題，支持放生的團體也會以「善行不應受限制」來守護自身行為的正當性，並強調放生是法律保障的「宗教自由」，不應「打壓」。可以發現反對不當放生的環保團體與強調放生善意的宗教團體，雖然都有為生命好的出發點，卻因為思考方向殊途又不同歸而難有交集。

其實如果將「想要維護生態與保育野生動物」的行動也視為一種善行與信仰，那麼多年來罔顧勸說和破壞生態的不當放生，是否又能自圓其說的認為外界在挑戰他們的信仰呢？當這些宗教團體以信仰自由來迴避質疑，又要求外界尊重時，是否也做到尊重其他人守護生態的「護生」信仰呢？

佛教常說的圓滿，就是方方面面都做到體貼眾生、不傷害眾生，更要引導眾生離苦向善，因此虛心受教聽取專業的意見才能創造圓滿的因緣。佛教當中有許多熱心公益又自律的團體與信眾，為的就是弘揚佛陀教育的悲懷，並戰戰兢兢的實踐當中道理，就是期許不讓自己的行為令「佛、法、僧」三寶遭到外界曲解誤會，才不會傷害眾生的「法身慧命」，所以這些不當的放生行為造成社會觀感不佳與厭惡後，導致佛教信仰的形象大受影響，絕對不是任何宗門教下的法師與信徒所樂見之事。

聖嚴法師曾說：「無知的放生，這個是殺生，害生，而不是真正的放生，不是功德，是罪過。」聖嚴法師強調，野生動物就應該自在的在野外棲息，不應該被人類捕捉飼養或繁殖，所以佛教徒基於慈悲的理由，應該做的是保育動物和保護動物，而放生的定義應該是隨緣放生，不是定期的，也不是刻意的，而是如果見到被捕捉後還活著的野生動物，或是受傷的野生動物，想辦法讓他們健康的重回野外自然生活；同時放生還要慎選適合的地點，這樣才是對這些生命真實的幫助，才是懷著悲憫的放生。

聖嚴法師更曾向信眾勸導，佛教團體不應該在「佛菩薩誕辰」或是「佛菩薩紀念日」等法會進行放生，因為會促使野外的鳥類或烏龜等動物遭到商人大量的捕捉，專門提供給寺院、居士或一些好心的人士在法會時進行放生，讓原本自由在野外的野生動物，竟然因為法會的放生活動而遭到捕捉；有時有些小動物還會因此被一捉再捉，過程中受盡折磨，這樣的因果循環，反而讓救助弱小生命的善意變成了傷害他們的原因。

佛教原本的「護生」與「隨緣放生」理念其實更與當今的野生動物保育理念相當，只是在考量不周全又不聽從專業建議的情況下，變成了「慈悲多禍害，方便出下流」，因此政府除了積極的制定相關法規，也更應該承擔起維護國家生態多樣性的角色，讓部分宗教團體聆聽與尊重他人的信仰，重新思考更圓滿的放生活動。例如將十方大眾的善心挹注台灣野生動物的救傷機構，或是協助台灣瀕臨絕種野生動物的復育，更可藉此教育信眾，保育野生動物與守護動物的棲地環境才是更圓滿的「放生」，又何須著相呢？

黃昏天空消失的熱鬧——

台灣狐蝠

雖沒有亮麗的羽翼，但是身著奇幻黑斗篷，我們也成為了風的子民。揮動雙臂融入夜的國度，星星月亮與我們相伴，我們的熱鬧不驚擾你的夢境。

同享月光海灣

住在海邊的福氣，喜歡跟愛探險的水生一同欣賞海灣的月光。福氣常說：「月光不屬於誰的而是大家的，海灣也不屬於誰的而是大家的。」福氣因為喜歡分享，也讓月光海灣變成朋友們同樂的地方。

第二十五章

黃昏天空消失的熱鬧——台灣狐蝠

二〇〇五年（民國九四年）

西方的文化中，無論是吸血鬼的華麗登場還是萬聖節的陰森布景，都可以見到蝙蝠的形象被大量運用在其中，將蝙蝠定位成黑暗的使者，但是蝙蝠在台灣的廟宇文化裡就完全是天差地別的意涵。因為在東方，蝙蝠有著福氣的象徵，所以台灣各地的大小廟宇，常可見到蝙蝠的圖騰、紋飾或壁畫，例如蝙蝠飛在海上表示「福海」、蝙蝠停在鍾馗的持扇上隱喻「納福」、四隻蝙蝠稱做四蝠所以同音「賜福」等吉祥象徵，可見蝙蝠的好形象讓他成為廟宇建築裝飾中不可或缺的元素之一。

然而野生環境裡的蝙蝠與我們的距離其實也很近，並且在生態平衡中擔任重要角色，對人們的現實生活來說真的可說是種好福氣。民國八〇年代，即便是在大台北，每到黃昏時刻便可見到不少身形圓小、長著兩片薄翼的黑影在天空中飛來繞去，那些讓人乍看以為是麻雀的動物，其實是善於利用人類建築，喜歡棲息於大樓屋簷、窗台、閣樓等夾縫中的「東亞家蝠」。由於就生活在人類周遭，所以是台灣最早被研究的一種蝙蝠，但到了民國九〇年代，東亞家蝠在都市的黃昏裡隨處可見的盛況已逐漸大不如前，雖然在河濱地帶、大型公園或少數的社區仍可在暮色中見到少量的東亞家蝠在天空飛翔，但是在大部分的都會區幾乎已經不見蹤影，或是出現的時間點更晚，被目擊的數量也僅剩零星一兩隻。

台灣早年不論城市或鄉村，每當夜幕低垂，日行性的鳥類紛紛回巢後，東亞家蝠就會相繼出現，好像是輪班上場一樣，替都市的天空增添只屬於夜晚的熱鬧氣氛，那時的孩子們抬頭就能看到難得的生態奇景，與這世界上唯一會飛的哺乳類如此親近。如今，大人小孩低頭望著手機的時候，這樣的世界奇景也正在無聲無息地消失於夜空中。當這些原本十分適應都市生活的東亞家蝠逐漸退場，台灣其他種類蝙蝠的狀況又有多少人去探究呢？

蝙蝠由於是夜行性動物，白天棲息於山洞、廢棄隧道、樹冠層的樹葉中，或是高樓屋簷等較不易發現的地點，所以在科學研究上不是容易觀察記錄的對象。全台灣目前已知的蝙蝠有三十七種之多，是台灣陸域性哺乳動物種類最多的一類，並且有一半是台灣特有種，從平地到海拔三千公尺的高山都有蝙蝠的存在。台灣的蝙蝠食性也是多樣多種，但就是不吸血，他們主要以各種昆蟲或蜘蛛為食，不同蝙蝠也有各自偏好捕食的昆蟲，像是東亞家蝠平均每隻一個晚上就能吃掉幾百隻蚊子或蛾類等飛蟲；另外像是台灣特有亞種的「台灣葉鼻蝠」是台灣最大的食蟲蝙蝠，偏好以金龜子、天牛等甲蟲為食，在他們棲息的洞穴地面上常可見到糞便中夾雜著閃亮亮的鞘翅碎片。所以無論是都市或農村，山區或海岸，蝙蝠在抑制昆蟲的數量上有著無可取代的角色，對生態平衡或是農業發展與人類的健康更是有很大的貢獻。

台灣除了食蟲性的蝙蝠，還有一種專吃果實或花粉的蝙蝠，那就是台灣的蝙蝠中體型最大的

「台灣狐蝠」。台灣狐蝠體長約二十公分，雙翼展開可長達一公尺，雙眼圓亮，吻端較長，整體臉型看起來像狐狸，所以稱作狐蝠。他們喜歡棲息在闊葉樹林地帶，晝伏夜出，是標準的夜行性動物，白天主要棲息茂密的樹叢間，加上全身毛髮為深褐色，唯頸部有一圈金黃色或乳白色毛髮，所以不易被發現與觀察。

台灣狐蝠與所有蝙蝠一樣，後腳十趾上各有尖銳利爪，讓他們善於以倒吊姿態棲息、睡覺或在樹枝間快速攀爬，但是前肢的第一趾比一般蝙蝠要來得細長，有利於他們降落樹叢並且穿梭於樹枝間尋覓果實。根據目前的研究發現，台灣狐蝠雖然是夜行性，但是並不像其他科的蝙蝠以回聲定位的方式移動飛行，耳殼相對也較小；台灣狐蝠在夜間的活動與飛行主要是靠視覺與嗅覺來探查環境，並且能藉此尋找樹幹與樹葉間的果實，可見他們視覺與嗅覺的敏銳。台灣狐蝠有時會為了尋找食物與棲息的地方，一個晚上飛行的距離可達十多公里，可見飛行能力及續航力相當好，那一對由前肢的十根指頭與皮膜特化出來的雙翼，讓所有的蝙蝠展現出不亞於鳥類的飛行能力，甚至有些小型蝙蝠還能長時間在空中盤繞，並做出快速轉向的飛行技能，實在令人讚嘆不已！

台灣狐蝠是「大蝙蝠科」底下「狐蝠屬」的「琉球狐蝠」的五個亞種之一，而台灣狐蝠因為只分布在台灣，學界視為台灣原生的特有亞種，目前是極度瀕臨絕種的保育類野生動物。根據史料與訪查，台灣狐蝠在一九七〇年代以前於綠島、蘭嶼、宜蘭、花蓮、台東和高雄等地都有過發現紀錄，其中又以綠島為主要棲息地，並具有穩定的族群，據說當時綠島上的台灣狐蝠族群數量將近上千隻。

但一九七〇年代以後，綠島外來人口漸增，島上自然環境開始大量開發，使得台灣狐蝠棲地減少，賴以為生的果樹也大量消失，加上被濫捕食用等行為，導致綠島島上的台灣狐蝠在數十年間所剩無幾，甚至一度被外界認為已經絕種，直到二〇〇五年才又有研究人員在綠島發現零星個體。

雖然當時台灣狐蝠已是〈野生動物保育法〉中受保育的重要對象，但單憑這幾隻狐蝠個體想要回復往日族群盛況，不僅力有未逮，島上狐蝠的基因多樣性也已經失去，加上綠島自一九九〇年代以來已成為台灣人的觀光勝地，每年造訪的大批遊客、觀光車流所帶來的汙染與夜間的光害，都是狐蝠生存繁衍的主要壓力，所以直至二〇一八年，綠島上台灣狐蝠的數量仍沒有明顯起色。因此，若沒有中央與地方政府的積極管理，並加強提升當地業者與遊客的環保意識，想在未來看到綠島上的台灣狐蝠突破百隻，可能還有得等。

值得欣慰的是，二〇〇九年前後，有學者在龜山島上也發現穩定少量的台灣狐蝠族群，更於二〇二〇年在花蓮也發現他們的蹤跡，並且似乎有穩定發展中的族群，不禁令人讚嘆地球生命的韌性，只要環境中還有一點生存條件，加上人類對環境的友善態度，那些曾經以為消失的，都還有可能回來我們身邊。

台灣狐蝠因為主要是以森林中桑科榕屬植物的果實為食，所以並不像其他食蟲的蝙蝠那樣，給人感覺對農業或環境健康有益，因此常看到許多介紹台灣狐蝠的文章中，學者們像是要盡量幫狐蝠們加分說好話那樣，特別強調經由狐蝠進食排出未消化的種子能幫助特定樹種傳播，是森林中「拓殖者」的角色，希望以利益人類的功能去替他們博得好印象，可以感受得出來這些為狐蝠說好話的背後，所隱藏的擔憂與焦慮，一來是擔憂狐蝠面臨絕種邊緣，二來是焦慮狐蝠的奇特外型，會難以討大眾開心而得到歡迎。

台灣本來豐富多樣的生態從一九八〇年代以來就逐漸消失，一直到近代才被社會大眾關注，並經由許多學者的研究與保育團體的努力，才讓民眾一步一步重新認識自己土地上的野生動物，將台灣生態的樣貌又慢慢的拼湊回來。如今台灣狐蝠再現本島，顯示出野生動物準備好了，但是環境是否真的友善？民眾是否對他們有足夠的理解？甚至漸漸的喜歡上他們，視他們的存在為地方的榮耀呢？等到這些都具備了，才是這場生態復育開始的第一步。

筆者第一次見到野生的狐蝠，是在南太平洋的「東加王國」，那是由一百七十二個島嶼所組成的熱帶島嶼王國，首都位於當中的最大島「東加塔布」上，島上雖然具備相當的現代化建築與設施，卻仍有著穩定的狐蝠族群。狐蝠在東加王國是神聖的動物，是國王的法定財產，因此島上的狐蝠沒有被人獵捕的壓力並且與人比鄰而居，是島上日常生活常見的野生動物，也是東加王國除了賞鯨業外，島上的生態觀光特點之一。

筆者便是在東加塔布生平第一次親眼見到那美麗的生物，而且不是一隻，而是遍布一整棵大樹。當時正值黃昏，就在海岸邊緊鄰馬路的一棵大樹上，樹上聚集的狐蝠數量至少十多隻，狐蝠們無視旁邊觀望的我，自在的在樹間活動，有幾隻倒吊在樹上不時的伸展雙翼，還有幾隻在樹枝間攀爬好似在進行社交活動，偶爾還會看到一兩隻狐蝠飛來飛去，感覺就像是在台灣看到白鷺鷥飛在天際一樣平常，當聽見狐蝠的嘶叫聲才回過神想起來，那可是在台灣相當稀少的狐蝠啊！

那景象在夕陽下十分夢幻，令我像是達成了願望清單上其中一個項目那樣滿足又興奮。因為經歷過那樣的感動，所以我多希望有一天也能在台灣的海岸邊，在暮色中，看到台灣狐蝠的身影飛過天際。

縮進殼後的天地變色——

食蛇龜

我們是森林底層的忠實居民，我們吃我們睡，偶爾翻翻落葉、翻翻土也順便種種樹，雖然移動緩慢生性低調，卻一步一腳印的踩出了故鄉的繁榮風貌。奈何榮景不再，同伴日漸減少，每當我縮進殼內，總會擔心再探出頭時已經離鄉背井。

平安夜平安歸

平安龜喜歡打扮，常常請朋友們幫忙在背上裝飾，漸漸的，平安龜身上的裝飾越來越多，變成一棵奇異的樹，只要平安龜在夜裡走動，樹頂就會閃耀星光，柔柔照亮他要走的路。水旺與朋友們也會爬到樹上，欣賞燦爛的夜空星河。

第二十六章

二〇〇六年（民國九五年）

縮進殼後的天地變色——食蛇龜

台灣本島和離島上現存的原生「龜鱉目」動物有五種，分別為「金龜」、「食蛇龜」、「柴棺龜」、「斑龜」，以及唯一的鱉科「中華鱉」，其中金龜在野外的族群已經很少見，再來就是近十幾年以來因為中國養龜市場的炒作，造成數量銳減的「食蛇龜」；食蛇龜除了遭到盜獵，也與其他的龜鱉類一樣，都因為棲地大量開發與河川整治工程或是遭到路殺，而讓野外族群的生存面臨威脅。

台灣早年對於野生環境裡「龜鱉目」動物的了解及保育相當忽略，瀕臨絕種的金龜就是當中的借鏡，如今台灣食蛇龜在野外的族群數量根據研究學者觀察，已經降至剩三成左右，令人擔憂的是這樣的數量不僅可能仍然持續減少中，後來連柴棺龜都步上了食蛇龜的後塵。

台灣原生的食蛇龜及柴棺龜在近代急速減少的原因，與在台灣各地所查獲的盜獵及走私出口有絕對關係。從二〇〇六年開始查獲到被走私的台灣原生龜類，數量總計就超過一萬隻，他們被迫離開了原生的美好家園，與其他被盜獵的台灣龜類一起擠在狹小網袋中，再一箱箱堆疊被送往中國。這些被走私出去的龜鱉類都有各自的「去處」，中國的龜類市場需求主要是食用、藥用及寵物業販售，但不管用途為何都離不開商業的渲染炒作與天然資源的濫用。

食蛇龜的分布只有中國的華南地區、日本的八重山群島以及台灣，大約二十年前中國經濟快速起飛，增加了對於食用野生動物的消費力，中國的野生食蛇龜族群因此遭到濫捕而近乎絕跡，於是商人便將矛頭轉向台灣。由於食蛇龜在日本被列為「天然紀念物」，走私販運過程不易，而台灣因為有語言與港口的地理條件之便，加上〈野生動物保育法〉的執法不力，因此在利之所趨下鋌而走險的大有人在，使得台灣成為盜獵食蛇龜到中國的最佳選擇，也是野生動物走私網絡滋生蔓延的溫床。

面對中國龐大的市場，東南亞的野生龜類也逐漸被耗盡，而台灣的食蛇龜同樣正被中國的養龜市場炒作變成明星商品，價格之高，讓台灣野外食蛇龜多年來被一袋一袋的大量盜獵出去，野外族群下降到只剩三成或更低，而那些離開原生家園後的食蛇龜、斑龜，在運送過程因為脫水、飢餓、緊迫而死的不在少數，然而不管死活，這些龜鱉類在商人眼中都是有利可圖的搖錢樹。

二〇一六年「聯合國毒品與犯罪辦公室」特別發表一份「世界野生動物犯罪報告」(WorldWildlife Crime Report – United Nations Office on Drugs and Crime)，其中「台灣食蛇龜」榜上有名，已被列入 IUCN 紅色名單（滅絕高風險），是全球盜獵最嚴重的三種龜之一。

食蛇龜因為被盜獵嚴重而成為「台灣之光」的過程要從十幾年前說起，二〇〇六年開始，或許再更早，台灣中南部的淺山森林地帶出現了居家環境才看得到的捕鼠籠，據研究人員指出，那些捕鼠籠就是為了誘捕食蛇龜而設置的陷阱，有時情況糟到可說是密密麻麻四處都有，有些樣區每次被捕走一、兩隻，有些樣區可以被一次捕走十幾隻，讓保育及調查人員防不勝防；甚至有些地區的捕鼠籠多到連盜獵集團都忘記回收，不少食蛇龜因長期缺乏食物而死在籠內。而這些被發現盜獵食蛇龜的山區，還是因為正好是研究人員的調查地點才有被發現的機會，其他不被人注意到的淺山區域，盜獵情形可想而知。

二〇〇六起到二〇一二年之間，台灣查獲的走私保育龜類當中，食蛇龜總計有三千多隻，另外柴棺龜有四百多隻。二〇一三年共查獲四起保育龜的走私，其中食蛇龜數量更是總計高達三千三百四十七隻，而柴棺龜也總計高達三千九百多隻，突破往年紀錄。光是二〇一三年所查獲的保育龜類走私數量總計就有七千多隻，難以想像其他已經成功闖關運往中國的數量還有多少？

而二〇一五年後，在保育龜的走私數量中，食蛇龜與柴棺龜就占相當高的比例，林務局推論可能是台灣食蛇龜因為盜獵走私使得在野外的族群減少，所以走私集團轉而向柴棺龜下手，才讓柴棺龜被盜獵走私的數量迅速攀升。單是二〇一五年七月所查獲的案件中，保育龜就有三千六百七十五隻，其中食蛇龜占兩千兩百八十六隻，柴棺龜九百二十隻，當中甚至有四百六十九隻金龜，已經嚴重危害台灣自然生態。而此次查獲的走私案中還有五隻已經死亡冷凍的保育類動物「穿山甲」，讓人感覺台灣的〈野生動物保育法〉在面對集團式的盜獵規模下早已形同虛設。

食蛇龜是台灣唯一的陸棲型烏龜，由於縮進殼內的時候龜殼的腹甲能讓前後開口閉合，所以又稱為「黃緣閉殼龜」。食蛇龜的龜殼能夠閉合的原因，是因為黑色腹甲的中間有一條横向韌帶，能隨著頭、尾的伸縮開合，所以顯示食蛇龜在演化上防禦危險的方式與其他龜類有很大不同，當他們在野外遇到危險時只要縮進殼內，外觀上就會像是一顆不起眼的石頭，容易讓捕食者忽略或減低興趣，但原本獨具的防禦能力卻也成為食蛇龜容易被捕捉的原因之一。

食蛇龜喜歡生活在低海拔的闊葉林、次生林、墾殖林的底層，屬於淺山環境的野生動物，台灣在一九六〇、七〇年代，對於淺山環境的市鎮及道路開發較少，鄉間常能見到食蛇龜出沒，算得上是台灣原生龜類的黃金年代。然而早在一八六三年，就有英國人曾在淡水發現食蛇龜的紀錄，只不過長久以來食蛇龜的生態從沒有正式的科學研究，所以當時連食蛇龜是水棲型還是陸棲型都搞不清楚，直到台灣的陳添喜教授著手研究，才有明確的生態資料。

早期的台灣農村普遍認為在路上遇到烏龜是一種吉祥的徵兆，因此人與龜類一直相安無事的共同生活著，殊不知隨著時代演進，淺山環境的開發、水庫的建設、河川的不當整治、道路的開發，都讓台灣的原生龜鱉類被逼上險路，金龜、食蛇龜、柴棺龜因此變成了「保育類動物」，但卻也是空有保育標籤，並沒有因為「保育」的光環而安全。

食蛇龜是屬於雜食性的動物，舉凡森林底層的植物果實、蕈類、蚯蚓、昆蟲或是動物屍體都是食蛇龜能下肚的食物，但他們卻不吃還活著的蛇，會得名「食蛇龜」的原因，據傳可能是早年不同語言發音上的誤傳，或是食蛇龜正在吃蚯蚓時的樣子，讓人看了誤以為他會捕食小型蛇類。

每年五到七月是食蛇龜的產卵期，近代的研究發現，食蛇龜並不是多產的龜類，一年只會繁殖一到二次，每次僅產下一到三顆蛋；這些蛋若能躲過獵食者與外在環境的變動，孵化的幼龜還必須到十歲左右才有繁殖能力，因此食蛇龜在大自然中並不是繁衍能力高強的物種。雖然在安穩的棲地中，食蛇龜的壽命大約可達三十歲，只不過台灣野外的食蛇龜如今又面臨了盜獵的威脅，每年數以千計的量被走私至中國，讓台灣野外具有繁殖能力的食蛇龜跟著大幅減少，若政府再無積極的手段，恐怕已經能預見食蛇龜在台灣野外消失的一天必將到來。

諷刺的是，食蛇龜屬於保育類野生動物，卻多年來持續被盜獵走私集團販運出國，食蛇龜在野外的消失，正代表著國家對於守護山林自然資源的缺乏進化與執法不足，如果今天食蛇龜因為被國家漠視而成為少數人謀求不法獲利的犧牲品，很難想像明天又會有哪一種野生動物，因為被非法盜獵而走向滅族危機。

在利之所趨下，盜獵集團行徑也越加膽大，甚至還曾發生過，某一批海關查獲的食蛇龜，在收容期間的某一夜遭到盜獵者闖入收容中心，偷帶出一千多隻食蛇龜的案例，凸顯出因為野保法長期執法不力，判決過輕，多年來形成了走私猖獗、野放困難與收容環境不足的惡性循環。

台灣自二〇〇六年以來所查獲的食蛇龜就累計達一萬多隻，但是要尋覓適合的野放地點卻困難重重。首先，現有收容的食蛇龜與柴棺龜，他們的原生棲地在哪不易追查，若要另覓他處，也需要考量是否影響該處原有的族群；再加上盜獵行為沒有被明顯遏止的情形下，要討論野放食蛇龜皆是空談和挑戰。所以現有的收容單位都是在空間與資源不足的狀態下苦撐，不僅令研究人員勞心費力，這些等待回家的食蛇龜與柴棺龜更是難有良好的動物福利。

所以，最能突破這種惡性循環的還是執法上的加強與法官的嚴加看待。台灣的〈野生動物保育法〉最讓前線保育與研究人員灰心之處，就是立法精神及內容過於陳舊，跟不上時代變化，再者就是許多犯罪行為並沒有罰則或是法官裁罰過輕，才會毫無嚇阻作用，只要利潤大於風險，台灣就會一直是「盜龜的犯罪天堂」。

曾有民眾提出反問「既然食蛇龜容易被盜抓，那何不開放養殖？」既能有合法供貨管道又能讓野外的盜獵減少，聽起來好似言之有理又能改善問題，但食蛇龜本來就是保育類野生動物，若法律能因為犯罪情事無解就隨意妥協，那將來其他野生動物又有何安全未來？再者食蛇龜的野外的族群貢獻主要來自成體母龜，產蛋數量少、野外幼龜存活率低、繁殖年齡也晚熟，所以抓走野外有繁殖力的母龜而降低補充新生龜的機率完全就是本末倒置。並且人工繁殖要能達到提供穩定產量至少需要十幾年，不僅經濟效益低，野外的食蛇龜族群也等不了這麼久，早已被走私市場剝削殆盡。所以社會大眾該有的認知是，由於少數人的犯罪行為才會造成動物受苦，而陷入國家財政還要為此負擔的局面，實際上更應該做的是修法與加強執法，國土才能有長遠的進步希望。

多年來台灣的原生保育龜鱉類被走私而查獲的案件，有多起就是因〈野生動物保育法〉中沒有走私「未遂」的罪名，走私者多聲稱「撿到」而以「騷擾」被起訴輕判。與台灣龜「結緣」二十多年的陳添喜老師，是屏科大「野生動物保育研究所」副教授，更是早年讓台灣近海的海龜與陸域的食蛇龜受到政府注意的關鍵人物之一，他認為或許〈懲治走私條例〉就能處理保育龜類被走私的問題，此法罰則比野保法更重，也涵蓋了走私未遂。盜獵根源在於政府不夠重視，以及執法不力，走私成案的機率低。野保法對於走私前的盜獵、收購環節難以處置，有時因檢警的呈堂證據薄弱才導致輕判，因此在野保法的判定下，走私者的犯罪所得與懲罰不成比例，才讓野保法失去嚇阻能力。

台灣算是東南亞少數僅剩的龜鱉類生態豐富又完整的國家，雖然台灣大部分民眾具有保護環境與愛護野生動物意識，但是十幾年來，少數人組成的盜獵集團就快把全台灣的原生食蛇龜、柴棺龜抓光了，生物多樣性遭到破壞，保育成績倒退到像是一九八〇年代。當台灣連保育類的食蛇龜都可以成千上萬的被走私出去，那下一種被盜獵販運的野生動物會是誰呢？這場中國商人搶購「台灣龜」，台灣政府搶救原生龜的戲碼持續了十幾年，至今仍在繼續上演，但時間卻不站在食蛇龜這一邊，當台灣野外的食蛇龜、柴棺龜族群越少就等於越稀有，在中國的市場也跟著水漲船高，就算有一天在中國的價格崩盤，輸掉的卻還是台灣的原生龜與珍貴的生物多樣性。

世界級的溫柔與哀傷——穿山甲

雖然一身鱗甲有點無敵，但我們生來溫柔與世無爭，當家園變色時，帶著孩子更是弱小無助，好險這世界還是對我們有點和善，就像是幫我們撐起了一把遮風蔽日的大傘。

穿寶穿媽淺山遊

穿寶是個愛黏媽媽的孩子，因為他年紀還小，需要在媽媽身上練習攀爬的技巧，鍛鍊小爪子的力氣。穿媽對穿寶的溫柔照顧讓他有十足的安全感，所以到哪裡都喜歡攀在媽媽尾巴上，跟著穿媽四處漫遊這美麗豐富的淺山環境。

第二十七章

二〇〇七年（民國九六年）

世界級的溫柔與哀傷——穿山甲

地球上的野生動物在不同的自然環境下，各自演化出五花八門的求生本領，而在哺乳類之中「穿山甲」是相當具有獨特捕食方式與防禦能力的一種。

穿山甲的主食是螞蟻或白蟻，因此在自然環境裡，穿山甲是抑制蟻類數量的重要角色，他們藉由敏銳的嗅覺尋找樹上或土地裡的蟻窩，靠著伸縮自如的細長舌頭，伸進蟻窩內來回舔舐，將螞蟻、蟻卵或蟻蛹送進自己的嘴裡，「大穿山甲」的舌頭甚至能長達四十多公分。穿山甲的前肢各具有長長的勾爪能讓他們輕鬆上樹刨開蟻窩，或是挖開深埋於土中的蟻巢，但是這樣的勾爪卻不是他們的防身武器，相反的，穿山甲總是以耐力和自信面對外界的侵擾。

穿山甲是世界上唯一有鱗甲護體的哺乳類動物，他們從頭頂到整條尾巴皆布滿半圓形或半盾形的鱗甲，全身僅有臉部與腹部無鱗甲覆蓋也較柔軟，所以遭遇到危險時，穿山甲會將頭部貼緊腹部，並用尾巴捲起蓋住頭部。這時候穿山甲的外觀就像一顆布滿鱗片的球，讓掠食者在面對堅硬的鱗甲與圓滾的造型時，無從下手而放棄捕捉或降低興趣，因此穿山甲會等到外在擾動解除後才繼續活動，或是當掠食者忽略與放棄時才鬆開身體快速逃離。也許穿山甲就因為是這樣世界級的好脾氣，才讓自己變成全世界目前遭受盜獵走私最嚴重的野生動物。令人感嘆的是，穿山甲用來防衛自己的利器，卻也成為他們被盜獵捕殺及走私販運的原因。

全世界目前已知的穿山甲有「穿山甲」、「地穿山甲」、「長尾穿山甲」三個屬，共八個種，分布在亞洲和非洲的熱帶及亞熱帶地區。目前全都因為亞洲的中藥迷思、食補目的或製品收藏等原因而遭到大量盜獵及走私，使得非洲的「地穿山甲」與「長尾穿山甲」下的四種穿山甲，在野外的族群數量都減少到「易危」等級。另外「穿山甲屬」的四種穿山甲，因為分布於亞洲地區，所以數量更是稀少到了「極危」等級或是「瀕危」等級。光是二〇一九年全球各地查獲到被走私的穿山甲就超過十一萬隻，而過去十年全世界估計就有一百萬隻穿山甲遭到盜獵，這些珍奇的哺乳動物從此消失在地球上。

一九九〇年代的中國經濟快速成長，中國民眾的消費力大增，相對的在野生動物產製品的需求也升高，加上商人的收購與炒作，使得中國境內的野生動物在棲地開發與濫捕下迅速減少，尤其是中國南方原生的「中華穿山甲」，因為鱗片一直是《中國藥典》中的珍貴藥材，所以受到民間使用與藥廠大量收購；此外，好吃野味的饕客更是相信食用穿山甲肉能給身體帶來滋補，所以中國境內的中華穿山甲便最先面臨絕種危機。之後為了供應中國境內大量的穿山甲食補及藥用需求，周邊國家如印度、馬來西亞、菲律賓等國內的「印度穿山甲」、「馬來穿山甲」與「菲律賓穿山甲」也在這樣的情勢下，開始被盜獵集團鎖定而進入國際間的非法販運。

從二〇〇〇年開始的二十年間，亞洲地區和非洲地區的穿山甲因為盜獵及當地的非法交易猖獵，而步上犀牛與大象的後塵。儘管犀牛角、象牙、穿山甲等產製品早已在國際間禁止交易，但是亞洲與非洲各國走私集團的專業手法可比毒品交易，加上當地政府的保護手段與執法效力有限，甚至有些國家的警察也會參與走私，可見穿山甲為這些非法經濟帶來極高利益，在利之所趨下，穿山甲成為了比犀牛角和象牙還要受黑市歡迎的搖錢樹。

儘管近代的科學研究發現穿山甲身上的鱗片成分並沒有特別之處，只是與人類指甲相似的普通角質，但卻無法讓商人的炒作與坊間的迷信停止，因為有人信就會有人買，有人買就會有市場利益，所以雖然國際間的保育團體極力調查、公開真相，並提出穿山甲將要滅絕的警訊，但一直到二〇二〇年，中國才終於將「穿山甲甲片」從《中國藥典》中除名，但是仍允許廠商使用現有的庫存，因此尚有灰色空間可以操作，各國的盜獵情形是否能有效終止還有待日後觀察。

反觀台灣，在一九七〇年代以前也曾是穿山甲的煉獄，當時每年就出口六萬張穿山甲皮，讓台灣的穿山甲也幾乎瀕臨絕種，直到一九八九年〈野生動物保育法〉施行，穿山甲被歸類為「珍貴稀有保育類動物」，才讓穿山甲的獵捕風氣稍緩。此後三十年間，民眾的保育觀念普遍增加，習慣食用野味的人口減少，讓台灣在亞洲地區的穿山甲保育交出亮眼成績，也可能是全世界野生環境裡穿山甲棲息密度最高的國家，而台北市立動物園在穿山甲的圈養技術與復育成果更是知名全球。

穿山甲的英文名稱 pangolin 來自馬來文，意思是指會捲曲的動物，而「台灣穿山甲」別名「台灣鱗鯉」，是「中華穿山甲」在台灣的特有亞種。一九五〇年代，台灣穿山甲在商業上的用途主要是皮革市場而不是鱗片與肉，台灣就是那個年代知名的穿山甲皮革供應國，是台灣當時的合法產業，主要銷往日本、美國與澳洲。

根據調查，在一九五〇到七〇年代之間台灣穿山甲是常見的野生動物，因此幾乎人人都在抓穿山甲以增加生活上的財源。一九七〇年代的台灣，每個月皮革工廠就能夠產出五千張穿山甲皮，相當於每年有六萬隻穿山甲被獵捕宰殺。由於穿山甲一年只生一胎，一胎僅產一隻，因此在濫捕的情形下，台灣穿山甲從隨處可見轉變為難得一見的稀有動物，使得台灣自產的穿山甲皮價格升高，商人只好轉向東南亞收購穿山甲，連帶也讓鄰近國家的穿山甲遭殃。

到了一九七五年，因為全球的保育觀念興起，美國、日本、泰國紛紛加入〈瀕臨絕種野生動植物國際貿易公約〉，使得台灣在穿山甲的進出口上受到限制，而讓這項皮革產業沒落。但就算是這樣，台灣早期各地食用野生動物的習慣還是相當常見，山產店、中藥行等對於穿山甲的需求仍沒有減少，直到一九八〇年代台灣因為犀牛角的使用與走私販運等問題，遭到國際間撻伐與美國的貿易制裁警告，終於一九八九年催生出了〈野生動物保育法〉的頒布實施，明訂禁止獵捕與販賣保育類野生動物，而穿山甲就是當時首批被列入「保育類」名單的野生動物之一。

雖然野保法實施至今仍有許多不符合現況的法規急待修正，執法上也需要中央與地方政府積極應對，但野保法實施的三十年來，部分保育類野生動物的野外族群如「台灣獼猴」、「白鼻心」、

「山羌」等確實有穩定的恢復，就連穿山甲於二〇一八年為止在野外的族群數量也約有一萬五千隻左右，與世界上其他走私情況嚴重的國家相比，台灣穿山甲算是逆勢成長中，這樣的小小成績除了野保法帶來的嚇阻效用外，也因為台灣民眾自身的保育觀念逐年進步，以及歸功於有許多保育團體與個人在默默守護著野生動物。

在這半世紀以來，世界各地的穿山甲接連遭到濫捕與盜獵，台灣從曾經的穿山甲煉獄轉變為保育穿山甲有成的模範生，除了因為國際情勢外，台灣在地的力量也是改變關鍵，例如台東縣的「鸞山派出所」就寫下了保育穿山甲的佳話。被譽為「台灣穿山甲故鄉」的鸞山村，二〇〇七年因為在鑾山派出所的大力推廣與宣導下，讓村民們開始轉變原本狩獵穿山甲食用的習慣，二〇〇八年更在鸞山社區發展協會支持下成立巡守隊，投入穿山甲的保育工作。

能在如此短的時間產生重大改變，鸞山村民們的從善如流，以及鸞山派出所的保育推廣和輔導是重要關鍵，為了防止外地獵人盜獵，派出所不時會派警員率領巡守隊，與研究人員一同入山進行防護工作，幾年下來保育有成，二〇一〇年日本 NHK 電視台還特地跨海來採訪這個世界級的穿山甲保育模範村。而鸞山派出所的前所長袁宗城先生，便是鸞山村開始保育穿山甲的幕後推手，當年在鸞山派出所擔任所長的他，因為查獲幾起盜獵穿山甲案件，讓他發現穿山甲是如此奇特又溫馴可愛的野生動物，若不善加保育，很容易就會成為盜獵者下手的目標，因此立志要將鸞山村轉變為生態社區，希望穿山甲世世代代能在此安心繁衍，才能讓後代子孫們繼續與這美麗的生物共存。

就在袁前所長極力的奔走遊說下，獲得了上級的支持與鸞山村村民、村長的認同，不僅成立了巡守隊，還將保育工作推向當地校園，就連鸞山國小的洗手台都是穿山甲造型。如今村民們與穿山甲共享山林已經是日常生活的一部分，鸞山的穿山甲從獵物變成了「寵物」，村民與派出所更因為穿山甲保育而緊密連結在一起，鸞山村保育穿山甲的好成績也使得鸞山的觀光發展有所起色，這樣與野生動物共存共榮的故事，連帶著也讓保育意識在台灣各地萌芽。

只不過，在許多人工建設往淺山環境開發的今日，穿山甲與許多淺山動物都面臨了棲地日漸減少的生存挑戰，讓人遭遇野生動物的機率升高，保育觀念的推廣就更迫切需要在地化的經營，當有越多地方都像鸞山村一樣，將穿山甲視為寶貝，受惠的不僅是野生動物，還有我們自己。

雖然台灣的淺山環境已經沒有原生的野生動物會獵食穿山甲，但是威脅穿山甲生存的除了人，還有外來的犬科動物，由於穿山甲的防衛方式是靠著捲曲身體以鱗甲護身，但是犬隻的咬合力就足以將成年穿山甲外露的尾巴咬斷至少三分之一，若穿山甲在這樣的攻擊下僥倖存活，受損的尾巴也會影響穿山甲的覓食以及母穿山甲的育幼能力。特生中心的「野生動物急救站」二〇一八年、二〇一九年所救傷的八十多隻穿山甲中，有相當比例都是遭受犬隻攻擊，光是二〇一九年的上半年，就有十六隻穿山甲是因為遭犬隻攻擊而送至野生動物急救站。若再加上野外未被發現的個體，就能想見遊蕩犬隻威脅穿山甲的情形，並非一些地區的個案，而是已經嚴重到不得不正視的程度。

穿山甲對森林整體生態環境來說是重要的存在，穿山甲挖開的蟻窩或是白蟻巢，都能讓其他動物趁機分一杯羹，穿山甲挖出的洞穴也是一些小型哺乳動物會利用棲息的空間，可見台灣的山林若是少了穿山甲會是多大的損失。台灣今日有著其他國家目前都做不到的穿山甲復育成績，證明穿山甲已經從早期的經濟動物轉變成台灣人共同的自然資產與記憶，不論是鸞山派出所前的穿山甲雕刻，或是鸞山國小的穿山甲洗手台，代表著野生動物不僅能利益我們的環境，同時能滋養我們的心智，也為文化發展注入燦爛活力。

出沒於真實與虛擬之間——石虎

純真的心沒有疆界，能跟萬物交上朋友，儘管彼此不相同，也能欣賞出他的獨特，世界因此和諧又豐盛。

吉利吉寶

水旺喜歡來找吉利與吉寶玩耍，覺得他們身上花花的斑紋很漂亮，尖尖的耳朵上還有兩塊白斑點，更有趣的是他們靈活的尾巴，總是左擺右擺的讓水旺著迷，越看越想睡。

第二十八章　二〇〇八年（民國九七年）

出沒於真實與虛擬之間——石虎

台灣雖然早在一百多年前就有石虎的發現紀錄，但是台灣對石虎的正式科學研究起步得相當晚，而且是直到台灣的淺山區域已經大量開發的民國九〇年代，才有專門的研究團隊進行實地訪查。原因在於台灣早期對於這種淺山環境到處都有的「山貓」相當忽略，所以了解甚少，到了近代開始詳細調查後，才驚覺石虎已經快要步上「台灣雲豹」的後塵。

「石虎」是台灣現存的唯一原生貓科動物，又名豹貓、山貓或錢貓，他們曾經廣布全台一千公尺以下的淺山環境，但隨著淺山區域的市鎮拓展、水利工程、道路切割、寺廟興建或農業用地等開發，讓現今除了中部地區有少量石虎的穩定族群外，台灣的北部、南部與東部地區幾乎已經沒有石虎的發現紀錄。因此在二〇〇八年「石虎」從「珍貴稀有野生動物」升級至「瀕臨絕種野生動物」，並且開始有較積極的保育作為。

儘管學界與保育單位早已經正視此問題，但根據目前全台的統計調查，推估現存於野生環境中的石虎只有四百到六百隻左右，代表石虎在這十幾年當中，族群數量並沒有明顯上升，更不用說期待族群回復穩定到能脫離「瀕臨絕種」的等級。

根據統計和調查發現，危害石虎生存的因素除了棲地的減少與破碎外，路殺、獵捕以及犬隻攻擊常是石虎重傷或死亡的原因，而苗栗是目前全台石虎數量最多的縣市，卻也是這類事件頻傳的地區。因為多項的市鎮開發計畫與石虎棲地重疊造成石虎保育的困境，石虎也常成為地方發展的「阻力」，引起苗栗在地主張以土地開發振興經濟的人士不滿，更認為苗栗「凡開發必遇上石虎擋路」。但苗栗的興衰真的靠幾條馬路或殯葬園區就能拯救觀光與經濟疲態？而石虎又真的是發展阻礙嗎？

苗栗、台中、南投、嘉義是二〇二〇年為止，台灣尚有石虎分布的主要地區，而苗栗是當中擁有石虎族群最穩定，並且石虎的發現紀錄一直高於其他縣市的地方，主要原因是苗栗縣目前的淺山區域還保有大量原始林，當地的居民大多以農業為主，因此在淺山中具有農墾地、草生地鑲嵌的闊葉林地帶，是石虎喜歡利用的棲息環境。

根據屏東科技大學裴家騏教授的團隊所做的研究，二〇〇八年以前全苗栗縣都可以調查到石虎存在的跡象，但從二〇一二年開始，苗栗縣的石虎就有逐漸退往苗栗西南地帶的狀況，證明了石虎對於人為開發的侵擾非常敏感並且排斥。尤其道路的開發造成石虎棲地的破碎化，影響的不只是石虎的覓食與求偶，更讓石虎遭到車輛撞擊而死亡的比例升高。自二〇一一年開始算起，中部地區的石虎遭到路殺的數量，十年內就超過一百隻，而其中有七成就發生在苗栗。因此，降低不利石虎生存的因素就成了保育重點，為的是守護住石虎族群的最後棲地，所以近十年苗栗當地的各項開發才經常被全國關心石虎保育的人聚焦檢視。

二〇一四年苗栗外環道路的新闢工程開發案，就因為直接貫穿石虎的棲地而遭到當地村民與保育人士提出陳情抗議，最後因為各項評估無法達到說服環評大會而宣告退回，才暫時落幕。由於苗栗當地的公部門長期缺乏對生態的了解，因此忽略許多施政所造成的環境衝擊，才引發社會諸多不信任，現在的「後龍殯葬園區」就是二〇一〇年在環團的諸多質疑下通過環評，並在眾多當地民眾抗議下動工，一直到啟用都爭議不斷。

二〇一八年由卓蘭鎮公所提案推動執行的「苗栗縣大安溪生態景觀改善建設計畫」也在獲得了「前瞻計畫」經費後動工，其中位於老庄溪匯入大安溪的河岸上，面積約五公頃的一處濕地，原本是適合石虎利用的棲地，卻在缺乏完善評估下清除植被，整地後的空照圖還可看見人造公園中預定的過濾池是一隻石虎的外型，在光禿禿的地表上格外顯目，此意象不禁令全國譁然，更感到諷刺，而被戲稱為「石虎公園」。

台灣近代因為各地淺山區域的開發，迫使野生動物與人類相遇及衝突的機率升高，無意間卻也讓更多人意識到野生動物的存在，引起社會更多的關注，所以並非野生動物在阻礙地方發展，而是地方發展已經迫使野生動物無路可退。當這些原本普遍存在的野生動物逐漸消失，表示我們更應該檢視對土地利用的方式是否正確的符合永續精神。

大約從民國九〇年代末開始，這些原本不被社會大眾注意的森林動物們，經由影視作品與社群媒體的宣導幫助下，讓不少台灣民眾驚豔這塊土地上原來有如此多樣的生態，並且就存在自己居住環境的周遭，也因此改變社會大眾看待自然的方式，加深人們保育的觀念。其中棲息在淺山環境的「石虎」除了是台灣唯一僅存的原生貓科動物，更因為數量瀕臨絕種，而成為台灣當代受到矚目的野生動物之一。「農委會特有生物研究中心」於二〇一三年委外拍攝的一部生態紀錄片《大地的孩子》，講述的就是由特生中心成功繁殖的一對石虎兄妹「集利」、「集寶」成長和野放的過程。此紀錄片耗時兩年拍攝，在二〇一五年正式出版，小石虎們的可愛模樣讓石虎的保育議題成為台灣媒體一時的關注焦點，紀錄片更在同年四月獲得了「美國休士頓國際影展」的白金獎，讓石虎不僅成為國人的驕傲，逐漸成為台灣在淺山環境的生態保育上代表性的物種，也是台灣人對這塊土地共同的「生態記憶」。

只不過，帶著眾人期望所出生的集利與集寶，野放後的結果卻並不幸福美滿。先行野放的集利，在野放後的第二十三天，身上的發報訊號突然無法偵測，從此行蹤成謎；集利當時最後活動的區域附近因為有高壓電塔，推測可能是造成訊號受到干擾的原因。此外更讓研究團隊擔心的是路殺與獵捕等因素。

相較於先行野放的集利，集寶的野放生活更短暫，只有八天左右就被研究團隊從生態相機中發現集寶明顯消瘦，左前腳還負傷，行動蹣跚，因此團隊決定將集寶捕捉帶回，交由「台北市立動物園」長期收容並擔任親善大使。

這次的野放研究凸顯出台灣的淺山環境有利於石虎棲息的條件越來越少，各種不利因素多半是人為造成，集利、集寶的故事結局喜憂參半，喜的是獲得了在人工環境下成功復育石虎並野放的寶貴經驗，憂的是石虎野放的環境條件難尋，危害因素難以預測，而且要透過人工復育的方式來使野外族群的數量回復穩定，所需耗費的人力與物資代價更是不小，實務上難以達成。

現今台灣是還有少量穩定石虎族群的時代，更應該積極作為的，是棲地的保存與友善環境的建立，不然空有復育經驗卻沒有妥善的野放環境，依舊代表著這個物種的衰亡。正常情況下一隻成年母石虎每年生產一胎，每胎產一到二隻小石虎，而石虎又是屬於淺山生態的頂級消費者，獵食對象以鼠類、鳥類、小型爬蟲類為主，照理說生存能力極佳，每年都應該能夠有穩定的數量成長，但近代的情況卻不是如此。研究石虎十多年的陳美汀博士就指出，台灣很多小石虎根本來不及長到能繁殖的時候，有相當比例是因路殺而死。而成年的石虎因為偶爾進入鄉間人家雞舍中獵捕雞隻，所以遭到農家獵殺，或是農村使用毒鼠藥而間接中毒死亡。此外，陳美汀博士早年研究時所野放的個體中更有遭到犬隻攻擊致死的狀況，顯現出整個大環境對石虎族群繁衍上有太多不利條件。

被譽為「石虎媽媽」的陳美汀博士，民國九十五年就在苗栗當地投入石虎的生態調查研究，深感石虎在野外族群復育上的困境，主要是來自人為因素，除了獸夾與毒鼠藥的危害，石虎在苗栗農村長久以來並不是受歡迎的野生動物。由於石虎的獵食本能，農家飼養的雞隻偶爾會成為石虎獵殺的對象，所以農村普遍對石虎觀感不佳，老一輩的居民大多教導後輩對「山貓」這種動物殺無赦。在這樣普遍對生態運作缺乏認識的區域，友善環境的觀念難以在農村建立，要希望石虎能安穩的在苗栗生存又談何容易。因此陳美汀博士認為除了專注自己的研究外，讓當地村民了解石虎與生態平衡的重要性更是當務之急，這樣的想法轉變也是觸發農村對石虎保育的開始。

二〇一四年，陳美汀博士與苗栗縣通霄鎮楓樹窩社區的幾位「兼差農夫」，一起試驗栽種的「石虎米」就是一個成功的開端。石虎在客家話唸起來聽似「傻福」，所以石虎米也有傻福米的別稱，這樣的名稱非常能代表楓樹窩社區裡的幾位創始者。徐昌田、林錦坤、林義雄等人原本也有自己的正職，在毫無經驗的情形下，憑著憨傻的衝勁與陳美汀合作，堅持以友善環境的方式耕作稻田。一開始除了沒有太多種稻經驗外，更因為不採用慣行農法，所以一切等於都要從頭摸索。稻田因為不施放農藥、不使用除草劑與化肥，所以稻米的生長狀況常引來周邊的農民訕笑，而且在管理上因為不採取慣行用藥方式，許多事情都要人工親力親為，除了注意稻田病蟲害之外，人工拔除雜草是最費時費力的環節。但是因為相對不在乎收成比例，採取與自然共存的方式耕種，讓石虎米的稻田在進行第二年時，就已經能有相當不錯的收成，更重要的是，周遭的生態環境明顯獲得改善。以農地周遭架設的生態攝影機的紀錄來看，拍攝到不少棲息於淺山的大冠鷲、鬼鼠、野兔，以及稀少的麝香貓及石虎等野生動物，證明了友善環境的耕作方式是真的有助於野生動物棲息利用，並且能活化農村型社區，讓生態與社區經濟找到平衡點，達到與自然共存的目的。

由於石虎米在「楓樹窩」的成功，同時也獲得了全國許多消費者的支持，證明消費者長久以來只是缺少「友善環境」的農產品選項，而不是對環境保育的理念無感，因此這樣的案例，更帶動許多農村開始加入友善環境農作物的行列。而關於石虎與鄉間養雞人家的衝突，也在陳美汀與林育秀等研究人員的多年宣導與勸說下，願意配合接受林務局二〇一九年所開辦的〈友善石虎生態服務給付試辦方案〉，以「生態補償」與「生態獎勵」為主軸，開啟了在地村民對「石虎保育」的討論意願。以家禽為例，只要家禽疑似遭到石虎獵殺，第一時間通報縣府處理，若查核屬實，將發放獎金作為補償，並配合監測三個月，若有拍到石虎就再核發獎勵金（每場域一次為限），因此大大增加私有土地的居民合作的意願與對話空間。

對這樣的試辦計畫，林務局表示，因為保護瀕危野生動物是基於公共利益，因此不能只讓在地居民自行吸收，應該需要政府積極的保育作為，才能讓居民不再認為，有保育類野生動物在自家出現就等於是額外的生活負擔，將會更有意願共同守護棲地，這就是〈生態服務給付方案〉的初衷。

關於有效的石虎保育，其解方總是需要多年的研究，才能有明確的方案可以執行辦理，但是不只石虎，許多野生動物的研究與調查經費資源都相當有限，能長期投入研究的人才培養也不易，所以各種野生動物的資料累積進展緩慢，幾乎趕不上環境破壞的速度，而我們最後能做的往往只是補救，所以未來的各種開發都應該更著重環境評估的建議與研究學者的聲音。

近代台灣許多保育類野生動物都是因為人為的環境破壞，才走向被「保育」的命運，所以每當各地方政府準備要執行開發案時，感覺總是會遇到保育類野生動物「阻擋」，但這也正反映出台灣的環境開發與汙染，已經讓多數台灣原生的野生動物面臨生存危機，因此才需要更慎重的審視各項開發計畫，為野生動物守住最後的棲地。

二〇一九年〈苗栗縣石虎保育自治條例〉終於三讀通過，長期受到社會評論的苗栗縣，獲得了嶄新的轉變契機；而緊接著，二〇二〇年台中市議會也在各方爭論中三讀通過台中版的〈石虎保育條例〉。台中與苗栗的〈石虎保育自治條例〉，雖然都在議會中引起多方立場的觀點激盪，但是苗栗長久以來為了洗去「反對石虎保育」的汙名，難得的能在獲得跨黨派共識下通過，雖然保育團體認為苗栗版的保育條例仍有進步空間，但還是肯定苗栗縣議會的努力。而台中版的石虎保育條例相較之下更加嚴格謹慎，因此審議的過程引起激烈的相互答辯，其中更有議員認為過去台中從未聽過有石虎，質疑是前市府團隊為了辦「二〇一八花卉世界博覽會」而虛擬出來的東西，引起保育團體與社會大眾反彈，讓石虎保育議題再次成為媒體焦點。

二〇一八年，台中花博的預定地位於「后里」，後來因為二〇一四年在區域內拍攝到石虎影像，所以當年台中市政府決定縮減后里園區的面積，以避開石虎棲地，從此便開啟台中的石虎調查工作。調查時間約三年，而參與調查的陳美汀博士表示，台中雖然受到一定的棲地開發破壞，但是部分淺山已經隱約形成一條石虎長期利用的廊道，連接起苗栗與南投的石虎族群，成為基因交流的重要樞紐。事實上台中本來也有適合石虎棲息的淺山環境，但是隨著都市發展與道路的開發，早期的榮景已經不再，而現今在台中觀測到的石虎，究竟是原本就棲息於此？又或是南北移動的現象？無論哪一種是主要狀況，都需要更多時間去研究，也需要更周全的保育方針去支持，若我們只是用「有存在」才保育的態度來對面對瀕臨絕種的野生動物，實在是自我設限。

既然石虎曾經是廣布全台的美麗森靈，何不把心願做大，營造更多適合石虎繁衍的環境，讓全台都把石虎虛擬起來吧！

寵物飼養潮下的繁殖場——

白鼻心

我們睜開雙眼，卻像是未曾從美夢中醒來，因為這裡是我們安心舒適的家，是很久很久以前，森林用愛生長出來的地方，風的朋友來這稍作拜訪，水的朋友也來喚起我們一同玩耍。

白鼻樹洞

水旺睡醒後，因為沒見到水生，於是開始找尋水生的去向，想前往白鼻樹洞問問白妞與白嘟，水生有沒有來過？但是看到舒適的白鼻樹洞，水旺又有點想睡了。

第二十九章

寵物飼養潮下的繁殖場——白鼻心

二〇〇九年（民國九八年）

台灣的一般民眾就算普遍對野生動物了解甚少，但相信對「白鼻心」的名字一定不陌生，他們深棕色的圓亮雙眼，搭配從鼻端開始到頭頂的白色帶狀花紋，是最好辨識的特徵。

但是卻時常有人將白鼻心與「鼬獾」搞混，雖然他們同樣是淺山系的野生動物，外型上卻是有相當大的差別。首先白鼻心的頭尾與四肢的毛色為黑色，身體呈灰棕色，鼬獾的身體毛色則為淺灰色；鼬獾臉部的花紋是黑白相間，形狀酷似國劇臉譜，並且花紋的變化有些許個體差異，所以只要能仔細比較端詳，就能發現，鼬獾臉譜般的花紋與白鼻心臉部中央簡潔的白色帶狀紋，有十分明顯的差異；此外，白鼻心的體型大約五十公分，尾巴長度約四十公分，比家貓要大一些，而鼬獾體型則比白鼻心來得嬌小。

台灣在〈野生動物保育法〉實施之前，白鼻心的野外族群數量，就因為濫捕的關係逐漸減少，到了一九八九年野保法頒布施行，白鼻心開始被列為珍貴稀有的「保育類」，野生族群遭濫捕的情況才稍有改善。但是由於台灣在一九八〇、九〇年代興起了野生動物飼養潮，導致當時許多國內外的珍稀野生動物被走私販運，或從台灣本地捕捉而淪為寵物市場的商品，其中白鼻心因為外型討喜又容易飼養，所以廣受寵物商推銷，不少民眾就在好奇的心態下開始飼養白鼻心做寵物。

一九九〇年代，白鼻心雖然被歸類為保育類野生動物，卻因為野保法的執法效力過低，法規內容也存有灰色地帶，所以民間尚有少數買賣飼養白鼻心的情況。到了二〇一九年，因為「保育類野生動物名錄」大洗牌，白鼻心從保育類名單除名而被列為「一般類」，雖然依法仍不得任意捕捉飼養，但是民眾對於「一般類」與「保育類」的定義認知模糊，所以容易理解為一般類就是不受野保法保護，從此之後，早年的白鼻心飼養潮是否又會再次興起，還有待民間力量的監督觀察，同時也更需要政府積極的宣導及查緝。

白鼻心是否適合被當作寵物呢？雖然相對其他野生動物，白鼻心有較易親近人的特性，飼養上難度也不高，但是一九九〇年代那些在人為環境下圈養長大的白鼻心，因為或多或少都還保有野性，所以其實並不是容易馴化的野生動物，更不可能期待他們會像貓、狗一樣與人互動。

當可愛的幼獸長大後，不少寵物白鼻心變得逐漸難以掌控甚至會攻擊飼主，有一些個體便會遭到棄養，或是因野性漸增而逃脫。但這些人為飼養長大的白鼻心，因為相對習慣人類環境的設施，所以再闖入他人居住地引起恐慌的情形也隨之發生，一九九〇年代這類白鼻心闖入民宅的新聞，就偶爾會出現於媒體版面。此外也有不少野性十足的寵物白鼻心雖然沒被棄養或是逃脫，卻也落得了終身被關置籠中的命運，這樣的際遇實在並非人與野生動物彼此之福，也毫無飼養寵物陪伴的樂趣。

多年來台灣的白鼻心就在人為的剝削利用下，成為了與人關係密切的野生動物，不僅見證了台灣在野保法實施前後的不同歷史，也證明了有些事情還是沒改變多少。白鼻心不只是被炒作成寵物，早年也是山產店常有的食材之一，當時為了提供山產店與寵物市場穩定的「貨源」，大量野外的白鼻心因此被濫捕，遭到獵人捕捉的成年白鼻心與白鼻心寶寶都各有用途。成年的野生白鼻心被捕捉時通常因為中獸夾或套索而身負重傷，加上野性與攻擊性強，無法成為理想的寵物，自然就進入了山產店的冰箱與廚房。而獵人如果捕捉到白鼻心幼獸，因為較無攻擊性，可經由人工照養，所以通常會成為繁殖場的「生力軍」，而他們的後代就被獵戶和商人當作生財的工具，甚至到了後來，白鼻心的人工飼養方式越來越成熟穩定，大小規模不一的繁殖場逐漸出現，也漸漸代替野外捕捉的方式，而成為山產店及寵物市場穩定的供貨來源。但這些繁殖場的白鼻心卻沒有因此被當作寶，圈養環境的品質當然更是毫無動物福利可言。

台灣目前在執行〈野生動物保育法〉相關查緝與究責的工作單位，主要是內政部警政署的「保安警察第七大隊」，在保七總隊的網頁當中登載著一則關於民眾私養白鼻心而遭到判刑的案例。

二〇一七年有民眾在台中市太平區一處加油站的花圃旁，見到以小鐵籠飼養著的一隻白鼻心，因此便向保七總隊第五大隊東勢分隊檢舉，經大隊派員查證後證實，這隻在小鐵籠內的白鼻心，是加油站負責人所飼養，由於當年白鼻心還是「第三級保育類」野生動物，因而將負責人依法開罰。

辦案過程中，負責人向警方表示，白鼻心是他二〇〇九年在山區路邊發現，當時見他疑似受傷行走困難，便將他捉回照顧飼養，結果一養就是八年之久。加油站負責人更聲稱，平常會以加油站員工便當的剩菜剩飯餵食，每到加油站打烊就會將籠子打開，希望白鼻心自行離開，強調自己並沒有想要占有私養之意，更不知道白鼻心是保育類野生動物才因此觸法。結果飼主還是被依〈野生動物保育法〉第十八條判刑，但是由於白鼻心已長年被人為飼養無法野放，所以暫時由加油站負責人照管收養，擇日再交相關單位處理。

這則案例的飼主不論是基於愛心還是私心才將白鼻心圈養多年，可以顯見的是儘管台灣社會普遍對白鼻心並不陌生，但是對於各種野生動物的法律定位缺乏相關知識，加上在現行野保法的規則中，保育類野生動物雖然不能有騷擾、飼養、繁殖等行為，但有些情況則又能允許民間獵捕、宰殺或利用，才會造成像是白鼻心這類已被多年經濟利用的動物，在缺少宣導與教育的情形下，讓民眾產生一知半解的混淆感，如果民眾飼養前沒主動理解，便會容易因為衝動而購買或捕捉飼養。令人感嘆的是，這則「加油站白鼻心」的案例絕對不是個案，許多民眾私養或捕捉販售野生動物的情形，若沒有被發現檢舉，要查緝定罪實在難上加難，長久以來執法能量總是鞭長莫及。

雖然白鼻心圓滾的身形與蓬鬆的毛髮十分招人喜愛，但是許多想飼養的人卻忽略他本是野生動物的天性和本能。白鼻心是善於爬樹的野生動物，尖銳的腳爪與腳底特化的肉墊，都是他能自在穿梭於樹冠層、靈活上下樹木的利器。但是圈養中的白鼻心，大部分不僅無法體會爬樹的滋味，甚至終生都是踩在冰冷堅硬的鐵籠上。也有些飼主會選擇將寵物白鼻心做「去爪」的手術，為的是希望能減少家具的破壞，並且能與白鼻心有安全的互動。此外白鼻心雖然也稱「果子狸」代表他們愛吃水果的食性，但是研究發現，野外的白鼻心偶爾也會獵食昆蟲、蝸牛、老鼠或鳥類幼雛等小型動物，所以人為飼養下的白鼻心，能攝取的食物過於簡化單調，雖然餓不死，卻不一定能維持寵物白鼻心的健康，定點定時的餵食方式也讓白鼻心無法發揮覓食的技巧。

此外白鼻心的別稱「烏腳香」代表著他身上獨有的濃郁體味，那味道是來自他們肛門附近與腳底的腺體，體味的釋出，是他們在野外驅敵以及留下氣味標記的方式，至於那味道是香是臭，見仁見智，但絕不能衝動購買之後才發現實在無法與他同處一室。不少飼主就因為所飼養的白鼻心寶寶逐漸長大，開始飄出體味而難以忍受，就算時常洗澡也無法改善，這樣的劇情發展必然不會有太美好的結果，也可能是寵物白鼻心另一個被長期關於籠內與人隔離的原因，而長期被關於鐵籠的白鼻心，因為無法滿足天性與消耗旺盛的活動力，只能藉由在狹小的籠子內來回踱步或是不斷繞圈來分散壓力，這種刻板行為讓他們已經活得不像一隻白鼻心。

台灣的白鼻心雖然在二〇一九年回歸於「一般類」野生動物的行列，表示相對在野外的族群數量回復穩定，但卻不代表他們所棲息的淺山環境恢復生機。台灣近代的淺山環境已經遭受大量住宅區、道路、農業用地等開發，不少野生動物、植物的繁衍受到影響，白鼻心只是因為相對較能適應與利用人為環境的周邊地帶，加上食性內容多樣才能險中求生。只不過白鼻心也因此是遭受路殺的常客，同時遊蕩犬隻攻擊白鼻心的事件也層出不窮，此外還有毒鼠藥、獸夾等陷阱，都是白鼻心在野外生存的潛在威脅。

所以當我們因為不同理由，對白鼻心降級為一般類野生動物而感到高興，卻不能忽視淺山環境遭到濫用的事實，如果有一天連白鼻心都適應不良，又變回「保育類」，代表我們只是留給後代一個不再美麗的台灣。

身為「靈貓科」的白鼻心，是台灣生物多樣性的重要成員，溫柔又好相處的個性讓他成為生態服務上優秀的幫手，如果我們能改變態度，用守護自然環境來寵愛他，營造健康的棲地來疼惜他，讓他能自在的活在野外，如果有幸某天在野外與他們相遇，我們也可以很驕傲開心的說一聲：

「這我養的啦！」

台灣西南沿海的擱淺王——小虎鯨

天上的燕鷗，像是大海的使者，引領我們前往心曠神怡的海岸，在還未一頭潛入華麗的世界之前，一片碧藍先映入眼，靈魂像是在靜止的時空裡悸動著，然後大海來的旅客讓我們發現這片海洋正律動著，呼吸著，也讓我們感受到自己正活著。

海的呼喚

水旺與水生跟著在天空飛翔的燕鷗們，來到了海岸，燕鷗好似有意無意，引領著他們與海相遇，邂逅海中優雅的身影，他們是從廣闊大海裡來此短暫停留的神祕旅客，幽黑的顏色與好朋友大白截然不同，卻有著同樣的微笑。

第二十九章｜寵物飼養潮下的繁殖場——白鼻心

第三十章

台灣西南沿海的擱淺王——小虎鯨

二〇一〇年（民國九九年）

四面環海的台灣，周圍海域擁有世界少見豐富的海洋生態，光是鯨豚種類就占全世界種類的三分之一，但是每年在台灣各地海岸卻也頻繁的發生鯨豚擱淺事件，其中台南、高屏的沿海地區，鯨豚擱淺次數約占全國的百分之二十五，並且大多集中在冬季。

從開始有正式的鯨豚擱淺紀錄以來，西南沿海最常見的擱淺鯨豚是「小虎鯨」，不但是西南部海岸擱淺的次數最多，同時也是擱淺隻數最多的鯨豚。需要在此先聲明，小虎鯨並不是鯨魚而是海豚科的成員，「鯨」的稱謂指的是體型大小而不是分類依據。小虎鯨也稱作侏虎鯨、小逆戟鯨、倭圓頭鯨，在台灣常常以小虎鯨來稱呼，但他們可不是虎鯨的小孩，只是外觀上與虎鯨相似，體型卻比虎鯨小好幾倍。

成年的小虎鯨體長約二公尺至二點六公尺，體重約一百一十至一百七十公斤，在海上也很容易被誤認為「瓜頭鯨」，是因為他們不像一般的海豚那樣有明顯突出的嘴喙。小虎鯨圓鈍的頭部、灰黑的體色，是他們的特徵之一；嘴巴周圍呈現淺灰或粉白色的斑紋，讓小虎鯨遠遠看起來就像是正在微笑。但他們可不是吃素的，屬於「齒鯨」的他們以魚類、頭足類為主食，在人為圈養環境下的小虎鯨還曾有攻擊人的紀錄，因此在救援與協助復健時，不論小虎鯨是否虛弱無力，有經驗的照養員會特別提醒志工留意，不要隨意從小虎鯨前方經過，若非必要也不要將手放進水中。

小虎鯨通常是群居性的鯨豚，一群大約十五至二十五隻左右集體行動，但偶爾也會有獨自行動的個體，只是他們生性警覺會躲避船隻，所以不容易在海上發現與觀察。學界目前對於他們的遷徙行為與相關生態研究較缺乏，更遺憾的是台灣海岸最常見到小虎鯨的時機，通常都是集體擱淺或單獨迷航擱淺的個體。台灣自從一九九六年成立「鯨豚擱淺處理組織網」後，才了解台灣西南海岸幾乎每一年都會在二月到五月間發生小虎鯨集體擱淺事件，二十三年來總計約有一百五十二隻小虎鯨先後擱淺在台南到高屏地區的海岸，當中不少集體擱淺事件數量都超過二十隻以上，每一次都給救援人員帶來重重難題，卻也獲得寶貴的實務經驗。

二〇一〇年四月十九日晚間十一點左右，「成功大學海洋與鯨豚研究中心」接到海巡署通知，有二十一頭小虎鯨集體擱淺在台南茄萣海岸，於是「台灣黑水溝保育學會」偕同消防隊與海巡署人員前往搶救。當晚，這群擱淺已久的小虎鯨大多已經虛弱無力，為了不讓虛弱的小虎鯨在漲潮的海岸邊載浮載沉而導致溺水，搶救人員兩人一組協力保定支撐著小虎鯨，幫助他們浮在水面，使他們能夠順利換氣呼吸。

搶救過程從深夜開始行動，就這樣人與小虎鯨一起奮戰到天亮。直到視線較佳，堆高機、卡車、橡皮艇、漁船等協助載運的設備前來支援，才能接續下一階段的搶救工作。由於當年擱淺的小虎鯨數量較多，救援人員必須動用多種機具才能跟時間賽跑，以卡車從陸上載運，或是用橡皮艇沿海岸拖拉，要盡快分別將這群小虎鯨送往港口的漁船上，再由漁船載往較遠的外海野放。這次擱淺的小虎鯨群，其中有六頭在現場推回海中令其自行游向大海，十一頭由漁船載運至外海野放，但有四頭已在海岸邊陸續死亡。

就在這批小虎鯨被救援野放後兩天，卻又傳出其中的五頭小虎鯨再度擱淺，有一隻已經死亡，其餘四隻經過評估後被「台灣黑水溝保育學會」帶回台南四草的「台江鯨豚救援中心」進行照料與觀察，但是隔天仍有兩隻陸續死亡。僅存的兩隻小虎鯨在救援中心的池中相伴彼此，不時互相碰觸對方吻部和頭部，彷彿共患難的舊識互相安慰，用人類聽不見也不了解的語言傳遞著悄悄話，可能是鼓勵對方也可能是互相道別，因為大約六天後，另一隻小虎鯨也離開了。

最後獨留於救援池中的小虎鯨究竟有何感受？這些智商相當於人類七歲孩童的動物，面對同伴的死亡是否有自己悼念的方式呢？只能讓人們各自想像了。對於從事鯨豚保育的人員來說，了解鯨豚擱淺的原因是更迫切需要探究的事情，台灣身為海洋國家，周邊海岸其實每年或多或少都有鯨豚擱淺的事件，以西海岸來說，擱淺鯨豚的種類就高達二十幾種，但是全世界的專家學者對於鯨豚大量擱淺的原因，至今仍沒有明確定論，或許是傷病，或許是受到人為活動的驚擾，其中原因可能錯綜複雜，而台灣目前也只能依憑在擱淺的鯨豚身上尋找答案，在每次鯨豚擱淺的案件中累積相關的救援經驗知識，在傷病的鯨豚身上了解他們的習性與疾病症狀。

死亡的鯨豚也能經由解剖研究大體，提供學界更多資訊，了解這些鯨豚在台灣的海域出了什麼事？而我們又能幫忙什麼？近代雖然學界、政府與民間有越來越多資源與人力投入鯨豚的保育研究，但是對於這些與我們共享海域的鯨豚究竟為何年年擱淺，仍然有許多尚未理解的謎團。

台灣雖然處於海洋生態豐富的地理位置，周圍海域的鯨豚種類和數量如此多樣繁盛，是全世界得天獨厚的存在。但是在一九九〇年代以前，台灣的學界與社會大眾，對於自己周遭海域鯨豚的認識卻相當有限，鯨豚不但是海上漁船獵捕的對象，保育鯨豚的觀念與行為更是晚了西方將近二十年，甚至在〈野生動物保育法〉頒布實行的一開始，鯨豚類都還不是保育類野生動物。

直到一九九〇年，美國「Earth Trust」組織披露了澎湖的某處村莊每年屠殺海豚的情形，並將此影像公布於全世界，在那之後的數月間，台灣的澎湖成為了世界上鯨豚保育組織的責難對象，國際壓力接踵而來，因此政府便在同年八月將「鯨目」（鯨魚與海豚類）增列到台灣保育類動物名錄當中，從此才開啟了台灣對於鯨豚的正式科學研究和保育工作，而對於鯨豚擱淺的通報系統及專案處理也逐漸成形。

民國九〇年代後期，海巡隊員是最常發現鯨豚擱淺並協助救援的第一線人力，與此同時，和鯨豚相關的學術單位、保育團體也陸續凝聚，成為鯨豚擱淺現場提供專業知識及參與救援的重要助力。一九九六年在台灣大學動物學系周蓮香教授的奔走下，串連起台灣各地的自然史博物館、水族館、墾丁國家公園管理處、東部國家風景管理處，並得到當年的農委會保育科支持，正式成立了「中華鯨豚擱淺處理組織網」，此組織網屬自願性質，由現在的「林務局保育組」將任務分工，委託各地最接近鯨豚擱淺現場的海巡單位協助通報，並由「中華鯨豚協會」統籌聯繫組織網中成員參與救援。

但是鯨豚擱淺的時間地點往往無法預測，救援的人力大多是志工而非專職，所以在調度上容易受限，多年來針對鯨豚擱淺的救援器具與設備也稍嫌不足。台灣周邊海岸活體擱淺的鯨豚比例相當高，最理想的狀況是，在現場由救援人員保定與協助其自行游出海岸，但是若有受傷或疑似生病的個體，就會需要有能夠救治及修養復健的設施，只是多年來台灣一直缺乏足夠的鯨豚復健場所，早期會依靠各地少數海洋園區等私人機構提供幫助，但後來其中不少因故無法再提供協助。

二〇〇六年初，由成功大學生命科學系王建平教授召集公部門、學校、民間社團合組「台江鯨豚救援小組」，並且於二〇〇八年成立「台灣黑水溝保育學會」，更在王建平教授的多年努力下獲得中央與地方政府的支持，於台南四草設立「台江鯨豚救援中心」，才能有穩定的人員培訓與經驗銜接，並在拮据的經費下逐步增加鯨豚救援的器具和擴充復建池等設施。

救援中心長期以來凝聚不少成功大學校內師生的力量，陸續加入鯨豚相關的研究，同時藉由社群網路的力量號召許多社會人士加入志工行列，一同為台灣的鯨豚保育努力，探索更多鯨豚生態未知的領域，如今已成為台灣救援擱淺鯨豚的重要基地，累積的鯨豚研究數據和救援經驗，讓台灣在鯨豚保育上受到國際肯定，更躍居亞洲之冠。

但是台灣身為海島國家又位在世界上三分之一鯨豚種類會出沒棲息的海域，鯨豚擱淺事件發生的頻率之高也是世界少見，卻一直缺乏能提供擱淺鯨豚長期復健的場所。台灣從一九九〇年代以前的鯨豚殺手轉變成為現今國際上鯨豚保育的一份子，從捕鯨業發展為賞鯨業是民間與政府相互配合的成果之一，所以守護我們這片海域的鯨豚，讓他們能安居於此，不只是維持我們海域的生態健康，同時也能長保海上觀光的發展，是利益鯨豚也利益自身的永續精神。

全民上路拍屍體——

路殺社

聽說我們的家，過去人跡罕至，水域暢通，海岸遼闊，我們倚靠水道暢行無阻，在星空下往返海岸也能來去自如，不像現在，我們必須爬上平平的地，還要小心發光的怪獸。

路邊金獺

金門是台灣目前唯一有歐亞水獺生存的地方，雖曾歷經戰火砲彈，水獺族群仍倖存下來，而今過度的開發卻使他們的數量逐年減少。棲地的縮減與路殺，是珍貴的水獺在金門面臨的主要生存威脅。

第三十章｜台灣西南沿海的擱淺王——小虎鯨

第三十一章

全民上路拍屍體——路殺社

二〇一一年（民國一〇〇年）

台灣在近十年間，社會大眾逐漸開始關心那些馬路上、道路邊因為車禍受傷或死亡的各種動物，關心的方式不再只限於停下查看、默唸祝禱或是協助埋葬，二〇一一年全台灣更興起了一種，將道路上發現的動物屍體拍照上傳臉書社團的公民科學運動，從此之後，用「路殺」來形容遭車輛撞擊或輾壓而死的動物，已成為網路上或媒體慣用的詞彙，而創立這個專用詞的，就是專門接收民眾上傳路殺照片的臉書社團「路殺社」。

路殺社全名是「臺灣動物路死觀察網」（Taiwan Roadkill Observation Network），創立於二〇一一年八月，主要目的是蒐集彙整，那些關心路殺議題的民眾隨機在路上所拍攝記錄到的路殺動物屍體照片，藉此獲得全台每年因車禍而死的動物相關數據資料。雖然是臉書上的虛擬社團，但是依靠臉書強大的連結力，在創社幾年後吸引到越來越多關心路殺議題的民眾成為社員，社團成員來自四面八方，具備多元的職業專才。雖然成立之初沒有任何預先規劃，但卻在很快的時間內凝聚共識，確立主要團隊成員的分工、目標宗旨、資料蒐集SOP，並獲得許多學術單位、相關政府機關注意及認可，共同協助路殺社創建後端使用的程式工具、資料庫平台和為此建立官方網站。也因此，在網路社團的成員除了本來關心生態的族群外，也開始吸引社群網上越來越多人關心路殺議題並且加入，七、八年的時間裡，「路殺」一詞，在生態圈與保育圈的各個臉書社團、粉絲頁、電子媒體不脛而走。

路殺社是由特生中心助理研究員林德恩於二〇一一年在網路上所發起，原本的目標是與一群有志之士利用臉書社團平台的方便性，專門蒐集兩棲爬蟲類遭到路殺的時間、地點與照片，以此獲得相關數據，希望能從中了解兩棲爬蟲類在台灣遭到路殺的狀況，並且思考預防的辦法，未料卻意外促成一場全國性的大型公民科學研究運動。

路殺社創社的第一天晚上就湧入大量「動物遺照」，證明了原來台灣有不少人平時就會注意在道路上因車禍而死的動物，而路殺社的成立正好開啟了大家抒發的窗口。草創時期的路殺社社員人數從十位數開始陸續增加，每年每月都吸引越來越多人加入拍照上傳的行動，更從原本研究的兩棲爬蟲類，擴增到所有哺乳類、鳥類等脊椎動物的路殺相關資料蒐集。到二〇一九年九月為止，加入社團人數已達一萬六千多人，成為了現今路殺相關議題的最大社團。社團當中實際上路執行調查的熱心公民有四千六百七十位，總共記錄到十萬張動物遺照、五百七十七種動物，所以這項路殺社所發起的調查，也可能是全球關於路殺的公民科學運動中最大的社團。

創社初期由於轉變為記錄所有脊椎動物的路殺與路死事件，讓這項大調查進行十年以來，不僅讓學界對台灣的路殺分布、路殺熱點、路殺高峰期等狀況有了初步的掌握與理解，更可以進一步知道台灣各區的野生動物棲息概況，並歸納出有哪一些物種最常受到道路威脅，才能針對不同野生動物在不同路段做出相應的預防設施，例如高速公路的「生態天橋」或「生物通道」就是因應路殺的好發路段所設立。

而有些路殺熱點的道路兩旁因為涉及私有地，所以無法做動物通道或是架設圍籬，因此藉由路殺社所調查的資料為依據，便能嘗試設計其他變通辦法來預防，例如「動物紅綠燈」就是公路總局、特生中心、中興大學等專業領域的合作，在路殺熱點的道路前架設車速偵測器，當車輛將要進入熱點區之前，偵測到車速超過五十公里，便會以電子號誌提醒駕駛放慢車速；當車輛進入熱點區域時，道路兩旁的偵測器會負責監測是否有特定的野生動物即將進入道路，如果有就會啟動「聲光波動物緩速系統」來吸引動物注意，藉此讓動物暫停移動。雖然這套「動物紅綠燈」初期為實驗性質，但是已經多次成功預防石虎、白鼻心等這類野生動物遭受到車輛可能的危害，相信未來經過多次調整後必能發揮更好的效能。

只不過這套系統仍不能預防所有過馬路的動物遭受路殺，因此路殺社也希望能與衛星導航的相關業者合作，讓車輛在進入路殺熱點時，直接由導航系統提醒駕駛放慢車速，將能更有效的降低路殺機率。

台灣道路四通八達，二〇一六年為止，全台道路總長約有四萬三千多公里，顯示出過去二十年裡道路過度的開發，成長約百分之二十以上，這些道路對人來說是連接經濟與生活休閒的重要網絡，但是台灣汽機車數量密度之高是全球少見，而每年的各種交通事故奪走的不只是人類的生命財產，那些與我們一起生活在這塊土地上的野生動物，每年更是以驚人的龐大數字在人類建造的道路上殞命。

動物會魂斷道路，主要原因就是過馬路時被車輛撞擊或輾斃，而動物之所以要過馬路，是因為台灣的淺山環境已遭到大量開發，道路將野生動物的棲地切割，造成不連貫或是有高低落差的破碎區塊，而野生動物為了要覓食、繁殖或往返棲地，就必須穿越道路。根據路殺社二〇一二年到二〇一七年間的統計資料，記錄到九萬八千七百筆，共有五百五十種野生動物因路殺而死亡，當中有八千兩百起是保育類野生動物，而路殺頻繁發生的地點多集中在淺山區域，足以顯現棲地破碎化後對野生動物的棲息造成嚴重的威脅。

二〇一八年一月，路殺社正式啟動更嚴謹的路殺大調查，將台灣總面積以五公里乘五公里的方格為單位，共劃出一千四百四十個方格後，扣除沒有道路的地區，再以「生態氣候分區」、「道路密度」、「道路型態」做篩選，第一階段篩選出了兩百五十二個方格提供民眾認養，讓熱心協助的民眾在一月、四月、七月、十月各選一天，在自己的樣區挑選兩種不同類型的道路，進行每年四次、每次至少三公里的調查。根據早先的隨興調查數據發現，每年四月是路殺進入高峰期的時候，七月則是最高峰，而十月份會有第二波高峰。所以對於大調查來說，高峰期便是最需要志工的時候，當年的第一階段共有一百九十個方格被認養，實際的調查方式可以走路、騎車或開車，其中徒步因為速度慢容易專注，所以是偵測率最高的方式。而為了志工的安全，路殺社會提供專用的螢光背心、背包和卡片式的比例尺，讓志工在拍攝動物屍體時能安全順利。

這些被認養的方格，調查方式有時也會因地制宜，有些志工因為發現認養區的動物屍體會隨著清潔隊員每天的清掃而有所變動，所以會特地選在半夜或清晨前往樣區調查，就是為了趕在每天早晨清潔隊員出來清掃之前，才能獲得較精確的路殺數據。此外，參與調查路殺的志工也不分職業、性別、年齡，當中也有學校老師藉由路殺調查的機會帶領學生一同學習，了解台灣生態的豐富與危機。

而當年啟動路殺大調查的時候，志工會在調查路殺、路死動物的同時，順帶協助將各樣區裡所遇到的遊蕩犬、貓做數量上的記錄，此份資料會成為檢視收容所、絕育計畫或零安樂等政策的數據之一。

不僅如此，路殺社更進一步的希望志工能將路上發現的保育類動物或特定動物的遺體，寄送至特定單位與機構，讓這些珍稀的野生動物能在不幸殞命之後，也能成為寶貴的研究教材。十年來已經有上千位志工無懼面對各種屍體的狀況，協助將這些魂斷路邊的野生動物遺體，能在科學與教育上發揮最後的光和熱。也因為如此，才能發現台灣的鼬獾多年來有異常大量死亡的現象，鼬獾身上發生狂犬病的狀況才得以被察覺以及證明，而這些檢測的鼬獾樣本有六成都是來自這些熱心的路殺社員所提供。

另外還值得一提的是，在所有的路殺資料中，蛇類約占百分之三十，這樣的數據比例，讓學界能精確知道台灣毒蛇分布狀況，如此便能提供疾管署在分配各地醫院的蛇類血清時能夠有效配置。

這些珍貴的參考資料，雖然是路殺社在摸著石頭過河的情形下累積而來，卻在眾人集思廣益下，從過程中摸出了許多珍貴的寶石，原本想透過全民科學運動「改善路殺」的目標，又額外獲得了全新的視野，發揮出對於環境毒害的調查、傳染病的監控以及生命和生態教育，這項已經執行十年的全民科學運動，目前仍在執行中，許多樣區還期待熱血的公民加入協助，如果您也對路邊死亡的動物心生憐憫與不捨，希望做些什麼來改變，那就加入「路殺社」，一起上路拍屍體吧！

中毒的土地——黑鳶

人類的想要，若凌駕於其他生命的需要，不久後，人將發現失去的不僅是天空的熱鬧，以及山川海洋的富饒，更失去了心靈的安詳與臉上的微笑。

坐看黑鳶

二〇一五年，《老鷹想飛》紀錄片電影於全台上映，當時進戲院觀賞完後，深受感動和啟發，故創作此畫。我們的環境因人為因素受到長期傷害，若能從中省思改變，幫土地一個忙，失去的生態仍然有希望復原。

第三十二章

中毒的土地——黑鳶

二〇一二年（民國一〇一年）

厲翼厲翼飛高高，囝仔中狀元
厲翼厲翼飛低低，囝仔快做爸
厲翼厲翼飛上山，囝仔快作官。

這是一首民國六〇年代以前，在台灣農村普遍傳唱著的童謠，是當時的農村居民看著天空飛翔的老鷹順口編唱的寄情之作，歌謠中的「厲翼」就是俗稱的老鷹，也就是近代才開始被人關注的「黑鳶」。

在農村老一輩居民的回憶中，台灣早年黑鳶的數量相當多，是一種隨處可見的猛禽，據傳「老鷹抓小雞」的遊戲可能就是源自早期農村人與黑鳶共處一個環境下而產生的軼聞，這種讓現今的生態研究者難以想像的黑鳶族群盛況，證明了黑鳶在台灣早期的農村不只是常見，更與一般印象中孤傲的鷹類有著相當不同的習性。

事實上，黑鳶是一種與人類生活相當親近的猛禽，由於黑鳶承受環境改變的抗壓性高，所以較能適應人為活動所帶來的輕度干擾，就算是現代，有時候還能看見零星或一小群的黑鳶，在城市或村落周邊的森林與水域上空翱翔嬉戲。例如北部賞鷹人士最愛造訪的基隆港就是最好的例子，在那裡常可以見到黑鳶在港口盤旋覓食，顯示出黑鳶並不討厭偶爾與人類共處。不僅如此，黑鳶也不討厭與同伴共享一片天空，每到黃昏時分，成群的黑鳶會聚集在一片山頭的樹冠上，等待黑夜降臨，彼此相伴進入夢鄉，等到隔天日光初照才又各自飛去。

黑鳶這樣生存能力高又「好相處」的個性，更加讓人相信他們在民國六〇年代以前，一定有著為數不少的族群遍布在台灣各地淺山及平原地帶，也曾是台灣農村老一輩人記憶中漫天飛舞的厲翼。

從全球的觀點來看，黑鳶並不是瀕危物種，他們廣泛分布於亞洲、歐洲、非洲、澳洲，是全世界地理分布最廣的猛禽之一，有六到八個亞種。黑鳶在台灣屬於中大型猛禽，身長約六十到七十公分，翼展可達一百六十公分左右，相較其他猛禽，黑鳶在全世界也都是相當貼近人類生活的猛禽。

但在一九八〇年代以後，黑鳶在台灣各地的族群銳減，一九九〇年代末期全台灣僅剩南、北部有零星的族群分布。只是即便如此，在這段期間黑鳶的急速減少並沒有引起政府相關部門的注意，所以，台灣黑鳶族群瀕危的命運，一直到了二〇一二年才開始出現扭轉的契機。讓我們先將時光往前拉回到一九九一年，當時一位基隆德育護專（現為經國管理暨健康學院）的生物教師沈振中，因為參加中華鳥會的賞鳥活動，因緣際會下開啟了他長期在基隆外木山觀察黑鳶族群的興趣。這本是一項身兼鳥會志工與個人愛好的記錄工作，卻在一九九二年因為萬瑞快速道路的開發而變調。

當年的道路開發造成的棲地破壞，迫使沈振中老師在外木山所觀察的黑鳶族群銷聲匿跡，因此沈老師毅然決定辭去教職，專心尋找這群消失的黑鳶，從此便展開了費時二十多年的追鷹生活，這一投入，也正式開啟了台灣黑鳶為何會大量消失的解謎之旅。

在此期間，沈老師與生態攝影師梁皆得結識，並同意梁皆得的提議，讓他長期跟隨自己調查黑鳶，除了拍攝黑鳶的生態也順便側錄下沈老師經年累月的調查過程。二十三年後，這部台灣第一部有關黑鳶的生態紀錄片，在企業贊助下於二〇一五年以《老鷹想飛》的電影名稱在全台各地的戲院以及校園內放映，當時獲得了許多關心生態的民眾及新聞媒體的好評讚賞，推動了台灣第一波全國性的保育黑鳶聲浪，更引起了關懷土地的企業一起支持友善環境農產品。

《老鷹想飛》紀錄片能引起社會廣泛的良好回響，除了「鳥會」與「猛禽研究會」的從旁協助，擔任影像記錄與剪輯的梁皆得導演也是關鍵角色，更重要的是靈魂人物沈振中老師，二十多年來，不分晝夜，常常孤身一人進入樣區調查，以最低干擾的方式遠距離觀察黑鳶，這樣的堅持感動了許多人，被封為「老鷹先生」可算實至名歸。不僅如此，沈老師在研究調查期間所出版的書籍《老鷹的故事》還意外地發揮了承先啟後的效果，孕育出「老鷹公主」的誕生。

被譽為沈振中老師接班人的林惠珊，因為本就愛鳥，高中時期讀到了沈老師的書籍後開始對黑鳶產生了高度的喜歡與好奇，於是二〇〇五年進入屏科大野生動物保育所就讀，師從屏科大鳥類生態研究室主持人孫元勳教授，開始在孫教授的指導下研究黑鳶。二〇一〇年擔任研究助理的她主動聯繫了沈振中老師，表示想要學習理解更多台灣黑鳶的面貌與田野調查的心得，如此的請求立刻獲得了沈老師的回應及無私的傳授。

在沈老師的田野調查中，比較出台灣黑鳶與世界上其他國家黑鳶的最大不同，就是族群數量上的差異。沈老師與梁皆得導演曾在尼泊爾的一棵樹上就觀察到將近四百隻黑鳶，比當年全台灣的黑鳶數量還要多一倍，這樣的落差顯現出棲地的破壞及減少並不是台灣黑鳶族群大量消失的唯一原因，那麼離開棲地的黑鳶又去了哪裡呢？這個疑問引起林惠珊的好奇，希望用更科學的方式調查黑鳶的動向。

二〇一二年，一隻從破殼開始就由林惠珊團隊所觀察記錄的黑鳶寶寶「白三號」，終於在五月長大離巢，一直到七月都還能透過衛星追蹤發現他的動向，但卻在同年十月，有兩隻奄奄一息的黑鳶被民眾送到屏東某處的野鳥救傷中心，其中一隻就是白三號，而林惠珊的研究團隊再見到白三號時，已經是具屍體。這樣的結果對於長時間追蹤白三號的林惠珊是不小的打擊，為了追根究柢，兩隻黑鳶的屍體被送往屏科大進行詳細檢驗。由外觀看，兩隻黑鳶的身體健壯並無外傷，且有嘔吐後的食物殘留在嘴邊，因此研判不是食物缺乏而餓死，使得林惠珊更迫切希望知道令他們喪命的原因，便求助屏科大獸醫將兩隻黑鳶解剖化驗，進行農藥、水產品藥物、毒鼠藥、重金屬成分的檢驗。兩週後，檢驗結果顯示出 DDE、重金屬以及俗稱「好年冬」的農藥加保扶。

檢驗的數據中，兩隻黑鳶體內的加保扶含量，分別是 2.49 ppm 以及 1.29 ppm，幾乎可以判定加保扶就是導致他們喪命的原因。但是黑鳶體內會有農藥加保扶的結果令人費解，所以林惠珊的團隊推論出，可能是雜食性的黑鳶因為有撿食鳥屍的習性，所以如果農田在大量噴灑農藥後，一旦有紅鳩、麻雀、鴿子等鳥類因為採食帶有加保扶的穀物或嫩芽而中毒身亡，黑鳶就極有可能因為食用鳥屍間接中毒。根據美國的研究指出，大型的猛禽只要攝取 0.6 ppm 加保扶的動物屍體就會中毒致死，因此白三號與另一隻黑鳶體內的加保扶含量都高到令人不可思議。在此之前，生態領域的研究者從沒有想過「加保扶」這種巨毒的環境用藥會進入黑鳶這類猛禽體內，一向都以為一九八〇年代開始，黑鳶的減少是和棲地變化有直接關係，如今白三號的死，除了帶給林惠珊傷痛，也帶來了台灣黑鳶族群數量一直無法增加的線索。

依據台灣農藥的使用歷程來看，一九八〇年代是台灣幾乎所有農業項目都會使用農藥的開始，而黑鳶在全台數量的驟減也是發生於同期。到了一九九一年，進行台灣首次的猛禽大調查，估計黑鳶在台灣的數量僅剩約一百七十五隻，所以被名列保育類野生動物，當時的族群分布就僅剩下北部和嘉義以南的地區，而屏東是目前全台黑鳶族群數量最多的縣市。

二〇一三年因為地緣的關係，林惠珊的團隊前往屏東崁頂鄉一帶的農田進行訪查，發現不少農田當中或周邊都四散著大量中小型鳥類的屍體，當次將近十位參與撿拾鳥屍的學生，十分鐘後，手上都已經是滿滿一整袋鳥屍，最後光在九甲地內就蒐集到大約三千隻的中小型鳥類屍體，情況慘烈令人震撼。經過檢驗後，發現這些死亡的鳥類體內加保扶的濃度都很高，而林惠珊在往後數次撿鳥屍的過程中，甚至還親眼見到幾隻黑鳶就在她面前帶走農地裡那些中毒身亡的鳥屍，令她心急又無奈，只能看著黑鳶飛去並祈禱他們能平安無事。

或許天上的黑鳶有靈，回應了老鷹先生和老鷹公主的心意，當初林惠珊主動聯繫沈振中老師的那一年，正好是沈老師「黑鳶二十年計畫」的最後一年，也是《老鷹想飛》紀錄片即將完成的階段，而林惠珊對黑鳶的調查研究，恰巧就在這個時機點發現了黑鳶中毒身亡的主要原因，所以才能在最後階段，將台灣農業上的環境用藥問題帶進《老鷹想飛》的紀錄片中，完整了沈振中老師追鷹二十年的解謎之旅，更把一部有關台灣黑鳶的紀錄片提升至政治議題。

在社會大眾的想像中，號稱「以農立國」的台灣，早期應該是個自然資源豐富、人與天地同調、萬物和諧的優美國度，但事實上，台灣農業發展所帶給環境的衝擊不亞於都市開發或工業發展，溫帶蔬果的種植取代了山區大片的原始林地，平地的原始林與河流因為農業、畜牧業的發展而消失，海岸的景色也因為水產養殖的需求改變了樣貌。由於台灣多項的生態調查工作起步得較晚，因此我們因為農畜業發展而失去的生態多樣，代價難以估算。在這農業發展的過程中，除了對環境缺乏永續經營的無盡破壞，雪上加霜的是，一九五〇年代開始的農藥、毒鼠藥與殺蟲藥引進，更是對台灣整體生態系的一記重擊。

台灣的原始生態系裡動、植物種類繁多，相對的各種昆蟲和小型齧齒類也不少，這些原本在生態系中各司其職的生物，當遇到了台灣正在發展的各項農業時，就成了「蟲害、鼠害」，當時政府為了農作物能有穩定收成，開始引進農藥、毒鼠藥和 DDT 殺蟲劑。由於農藥的使用成效良好，便在一九七〇年代開始廣泛的被推廣使用，雖然讓農作物在每一期都有好收成，但是那些所謂的「蟲害、鼠害」卻仍沒有在台灣的野外消失，反倒使得依靠蟲類或齧齒類維生的天然獵食者，因為農業的環境用藥而瀕危。

近代的多項證據顯示，許多猛禽會因為毒鼠藥及農藥的使用間接中毒而死亡，長期惡性循環下，是蟲患及鼠患因為天敵減少而每一年都能捲土重來。台灣早年，農藥不僅用於農耕時預防蟲害，甚至不知何時開始，為了抵禦鳥類對作物的危害，更發展出了將稻穀攪拌劇毒的農藥加保扶或納乃得，製作毒餌來毒鳥，據說因為有不錯的成效，在一九八〇年代甚至還有地方的農政系統公開推廣此法，以至於一九八〇到二〇一〇年代中期，全台大部分的農田幾乎每年都會有為數眾多的中小型鳥類因為食用毒餌而身亡。

黑鳶「白三號」的故事就是台灣黑鳶的縮影，也是白三號拚了命一搏要告訴林惠珊的土地警訊，當年在屏東的農田裡撿鳥屍的膽戰心驚，讓她除了研究黑鳶以外，還想要為黑鳶未來的活路努力一試。

由於屏東是農業發展的大縣，黑鳶族群也是全台最多，促使了林惠珊主動與在地的紅豆農請願，盼能以友善土地的方式種植紅豆，讓老鷹回鄉。在縣政府及東港鎮農會的協助之下，幸運獲得了紅豆農林清源先生的支持，願意開始改變紅豆的播種方式以及安全用藥、不用落葉劑、不毒鳥。

雖然這樣的嘗試很傻很天真，因為紅豆的產量勢必會減少並且成本提高，但是也因為屏東黑鳶的故事開始在影視媒體發酵，讓全聯福利中心的董事長及總經理主動聯繫台灣猛禽研究會與屏科大鳥類生態研究室，表示願意契作二十五公頃的紅豆田，來支持在地農民一起守護老鷹的心願，重新打造農田生態系。

就這樣，當年的《老鷹想飛》紀錄片電影伴隨著「老鷹紅豆」的問世，為台灣的友善環境耕作方式注入催化劑，並且引起不少企業、量販店跟進，許多返鄉務農的青年也多少會帶著友善環境的意識耕作，而二〇一七年防檢局對四種含有高濃度加保扶的劇毒性農藥產品，也正式發布了禁止販售、製造的規定。

黑鳶在現今印度、日本、香港等高度開發的環境下仍有穩定的族群，顯示黑鳶的適應力極好，他們本是自然環境裡的「清道夫」，卻在台灣吃出了問題。上半個世紀以來，台灣大部分民眾可能都不知道這塊土地正在默默的中毒，我們使用土地的方式過度追求效益，最後可能連我們自己都吃不安心。

台灣農藥的使用量全世界之冠，使得農村周圍的生態系變成了毒物侵蝕的生態鏈，土地上失控的毒素，黑鳶在上個世紀末先幫我們提出了警訊，幸好，這個世紀初有許多關心黑鳶的人們接收到了訊號，推動了變革，黑鳶族群的命運才似乎開始霧散雲開。

但是這只是起頭，棲地的守護不易，農業與環境的共存關係仍需要時間學習調整，我們能做的不是將矛頭指向農民，因為我們很幸運的是，開始有了更多友善環境的農產品，讓我們可以為環境作出選擇，創造我們這個時代新的黑鳶童謠。

世界野生動植物日——

黴來的我們

祕林的夜就如同這個星球一樣，生機盎然熱鬧非凡，任何不經意的角落也能生出美麗的花草，在黑夜裡放出希望的光，引領大家前來歡慶，這祥和世界的誕生。

守黴平安龜

難得一見的「夫妻魚」黴，這一天來到了沙灘邊，原來是被平安龜身上的樹光所吸引。每年水旺、水生及好朋友們會相聚在平安龜的洞穴，一起幫平安龜裝飾外殼，越疊越高漸漸成了一棵大樹，這樣發光的樹照亮了整個洞穴與大家的心。

第三十三章

世界野生動植物日——黨來的我們

二〇一三年（民國一〇二年）

台灣雖然不是聯合國的一員，但是自一九八〇年代以來，為了追求國際間的認同，有關聯合國針對野生動、植物貿易的規則，以及國際間極力保育的瀕危物種，台灣在內外情勢的催化下，大多仍會積極努力的配合遵守相關原則。四十年來，台灣在國際野生動植物非法貿易的防範亦有不錯的成績，因此受到國際的肯定。

在台灣，社會大眾或多或少都聽過〈瀕臨絕種野生動植物國際貿易公約〉（CITES），是由「國際自然保育聯盟」（IUCN）的各會員國於一九六三年所起草，並在一九七三年三月三日正式通過，同年六月於美國華府簽署，故亦稱〈華盛頓公約〉，但這份國際協約直到一九七五年七月一日才正式執行。

〈華盛頓公約〉是台灣人較耳熟的名稱，台灣雖然不是締約國之一，卻仍積極遵循當中的制度，為可能的機會預作準備。〈華盛頓公約〉的合作精神，並非完全限制野生動、植物的國際貿易，而是以永續利用地球自然資源的精神，透過國際間的合作來抑制野生動、植物被過度濫捕與使用，將野生動、植物依據現存狀態分級製作附錄，若附錄中瀕危的物種具有因為國際貿易而絕種的危險，將會明訂禁止其國際間的交易。

一九八〇年代台灣就曾因為是犀牛角貿易的主要國家，而讓美國以〈華盛頓公約〉為標準，要求台灣採納其所設規範，限制犀牛角的相關貿易。在那之後，台灣的許多野生動、植物的貿易政策多會依據〈華盛頓公約〉為準則。二〇一三年十二月，聯合國大會更將每年三月三日訂為「世界野生動植物日」，希望藉由此紀念日，來呼籲全球一起關心世界上或自己國家的野生動、植物，加深世界對於生物多樣性的理解，並且看見野生動、植物對人類的重要。

每年的「世界野生動植物日」都會訂定一項主題，讓各國協助響應與推廣，每年的主題都著重在瀕危物種的保育，還有關心全球環境的變化。同樣在二〇一三年，台灣在聯合國制定「世界野生動植物日」稍早之前的九月份，由林務局推出了「生態電影節——有影秀台灣」系列活動，該屆電影節共推出了三十部影片，是由許多不同的民間團體或個人，基於對台灣這塊土地的熱愛以及對本土環境保育的關心，長期投入進行田野調查與各地人物訪談的影像紀錄。

二〇一三年「生態電影節——有影秀台灣」系列活動，各部作品的內容共有環境變遷、森林生態、物種、水域生態、生態保育五大類型，其中《守鱟的人》是一部將金門「三棘鱟」這種奇特的活化石，透過金門人洪德舜以自己在地生活的觀察，將他對鱟的記憶與情懷完整呈現之作。經由他對鱟的詳細介紹，反映出金門不只有獨特的戰地風情，更深藏著長久被忽略的豐富生態，如果要述說一段金門近代政經與環境的巨大變化，還有誰比在地人更加詳細深刻呢？洪德舜見證了一段金門曾經鱟多到數不盡的海岸時代，也見證了鱟的消失。在聯合國訂定「世界野生動植物日」的那一年，將這部影片送給了台灣，送給了世界，一起見證這種比恐龍還要早出現在地球上的生物，卻在我們這個時代面臨危機。

現為「金門縣三棘鱟保育協會」理事長的洪德舜，是金門縣水頭灣的後豐港村民，水頭到夏墅之間的海灣，曾經坐擁全金門最適合三棘鱟上岸產卵的地理位置，因此，鱟對自幼就在水頭灣長大的洪德舜來說，是一種常見的野生動物，也是金門漁村居民生活的一部分。

後豐港是個具有四百年歷史以上的漁村，三棘鱟對當地村人來說具有食物、工具、裝飾或孩童玩伴的多元角色，早期村民會將食用過的鱟「物盡其用」，例如鱟的頭胸甲可加工成水勺或鍋勺，腹甲經過彩繪能成為「虎頭標」並將之懸掛在門樑上作為避邪之用。這一切對洪德舜來說，都是從孩提時代到長大成家後鮮明的記憶，即便是他自己的小孩，也都曾在水頭灣的那片沙灘上嬉戲，探訪各種潮間帶的生物。

但如今水頭灣到夏墅之間的海灣，四分之三已經被商港取代，就連後豐港都因為商港的填海造陸，成為了「不靠海的港」，如今從 Google 地圖上看到的是垂直平整的商港地形，原本美麗的海灣弧線早已成為歷史。

早年因為金門地理位置屬於戰地性質，沿岸沙灘大多是軍事管制區，布置著軌條砦和潛藏的地雷，形成了對野生動物來說低度人為干擾的棲息場域，因此鱟在金門西面的「水頭港灣」一直過著平平安安的日子，族群數量穩定，並且是金門當地常見的野生動物之一。但隨著金門的戰地管制鬆綁，小三通成為了金門的日常，觀光業亦開始蓬勃，不少開發計畫往海岸延伸，使得金門的三棘鱟開始面臨到了種種生存的挑戰。一九六八年，金門當地為了發展漁業、養殖業，成立了金門縣水產試驗所，主要業務是進行當地水產養殖的試驗、服務漁民並建構當地的海洋資源與海洋生態調查等科學觀測資料，到了一九九七年，隨著鱟的棲地可能發生的改變，並且為了保育和研究鱟的經濟價值，金門水產試驗所也開啟了對於鱟的相關調查。

鱟是種活化石，大約四億多年前的奧陶紀就出現在地球上，是一種與三葉蟲「同班同學」更比恐龍還早出現的生物，與現今在地球上出現的種類外型相似的鱟，大約出現在兩億年前。目前全球的鱟有四種，而台灣的鱟是廣泛分布於日本、韓國、中國、台灣、越南、菲律賓的「三棘鱟」。台灣本島早年在西部海岸也都能見到三棘鱟奇特的身影，後來因為西部海岸的不當開發、消波塊的阻礙以及人為的濫捕，導致三棘鱟在台灣本島西岸幾乎已經絕跡，目前僅剩下澎湖、金門有少量野生族群。

鱟又稱「馬蹄蟹」，屬於節肢動物，全身具有堅硬的外殼，身體結構分為頭胸甲、腹甲與棒針狀的劍尾，整體造型像是一個倒蓋的大湯勺；也有人形容鱟的外型像是軍用鋼盔，的確有幾分符合鱟那半圓弧造型又堅硬的甲殼，但我卻很喜歡將鱟想像成一艘星際大戰中的酷炫飛艇，這其實才是我對鱟的第一印象。

雄鱟與雌鱟在外觀上各有不同，雄鱟的頭胸甲前緣呈現微凹的弧線，體型上也比雌鱟小，是最好判斷的特徵之一。此外，鱟在腹甲兩側具有腹棘，雌性鱟有三對腹棘，雄性鱟則有六對腹棘。雌鱟與雄鱟都有六對附肢，第一對附肢短小呈鉗狀，功能是把食物送進嘴裡，第六對呈蘭花狀，其餘四對皆為鉗狀；但是雄鱟的第二及第三對步足特化為鉤子狀，繁殖季時能方便雄鱟從雌鱟後方抓牢雌鱟的腹甲。經常能在鱟的繁殖季看見雌鱟在前雄鱟緊抓著在後，一起上岸產卵的景象，因此金門當地漁民在鱟的繁殖季時，捕捉到的鱟幾乎都是一對，所以鱟也有「夫妻魚」或「鴛鴦魚」的別稱。金門當地還流傳著「掠孤鱟，衰到老。掠鱟公，衰三冬。掠鱟母，衰很久」的諺語，意思是告誡子孫不要破壞人家的好姻緣，不然會招致厄運，足見鱟的存在，已形成金門人與自然間獨特緊密的在地文化。不過筆者認為，抓到一對鱟，也阻礙了鱟的繁殖，不見得對鱟的影響就會比較輕吧！

鱟一生需要利用的天然環境和他們的生活史有關，成年的鱟主要都是棲息在大約二十到三十公尺深的海底，每年五月到九月成鱟都會成對的相繼來到潮間帶的沙灘產卵，每次產卵約百餘顆，藉助日光照射的溫度能加快鱟卵的孵化，而孵化的幼鱟在長大之前，會有好幾年在潮間帶棲息，尤其是那種當人一腳踏上，腳掌就會陷進去的泥灘地，這樣的鬆軟度可提供他們躲藏和覓食。

幼鱟的成長與脫殼次數有關，剛孵化的稚鱟約〇點三公分，稱為一齡幼蟲，每脫一次殼多一齡，並且會長大約一點三倍。幼鱟一年大約可以脫殼兩三次，間隔速度須倚靠穩定的環境與食物營養而定，但是五齡、六齡的幼鱟脫殼速度就會減緩，大約一年脫一次殼。鱟的一生大約會脫殼十三到十四次，每次脫殼時外殼變軟，需要一段時間才能恢復硬度，因此每次脫殼成長都伴隨著風險。當鱟脫殼成長到十齡左右，就會漸漸離開潮間帶往較深的海域生活，在深海中經過數年的成長達到成體時，雄鱟開始會尋找雌鱟，而配對成功的鱟會在繁殖季節時一起游回海邊產卵。

金門本島西邊的水頭到夏墅之間的天然港灣，就曾經具備適合鱟一生棲息利用的沙灘、泥灘地與海溝，所以水頭港灣是金門鱟相當多的區域，當地漁民早年雖然有食用鱟與利用鱟殼的習慣，但是並不會專門捕捉，多半是捕魚隨著魚網一併獲得，或是採蚵時順便撿拾。當時海岸開發與人為干擾較少，所以鱟是金門漁民和沿岸居民司空見慣的生物，大人抓大鱟，小孩玩小鱟，是種適度經濟利用的平衡，但如今鱟的命運隨著各項經濟發展發生了劇變。

二〇〇一年，那片曾有大量幼鱟棲息的泥灘地沙岸，為了招商，金門水頭商港擴大開發，填海造陸的計畫如巨流般擋也擋不住，水頭到後豐港的海灣如今成為平地，作為商業港口和親水遊憩區，早年可以讓漁民抓沙蟲、孩童嬉戲探訪泥灘生態的海灣，成為了上一個世代的記憶。

之後金門縣政府為了實現環評承諾，因此選在金門西北方的古寧頭潮間帶作為鱟的棲地補償，劃設八百公頃的保育區，但是當地長期研究鱟的洪德舜認為，古寧頭因為迎風，浪大，不具備適合稚鱟生存的水紋和沙灘，認為保育區應設置在原來水頭灣剩下四分之一的夏墅，因為目前那裡仍是鱟產卵最多的地方。

其實填海造陸之後，失去的也不止是鱟，甲殼類生物專家劉烘昌，一九九五年就曾在水頭海灣的潮間帶記錄到二十九種螃蟹；二十年後，因為商港的興建，造成水紋的變動，加上對岸中國的抽沙船長期大量的抽沙，使得水頭灣僅剩四分之一棲地，原本沙質豐富的海岸開始出現泥化的狀況，不僅原有的螃蟹種類產生異動，稚鱟生存更是難上加難，連靠海岸泥灘地營生的居民在上面行走也是寸步難行。

儘管鱟在台灣本島中部西岸僅剩下零星的發現紀錄，金門的鱟又因為棲地大幅改變而逐漸稀少，但是鱟目前仍未被歸類為保育類野生動物。或許是近代因為科學的研究，發現鱟具有獨特的利用價值，所以金門水產試驗所本著保種的態度，進行著在人工環境下養殖鱟的技術研究，看似對於解決鱟的族群存續有了備案，但是金門當地的生態卻仍然面臨著開發的威脅。那些希望藉著商業的啟動帶來繁榮的決策者，是否問過世世代代在那裡生長的人們，願意犧牲那片滋養他們上百年的海灣？商港帶來的是過客，留給本地環境的卻是淚水。

在「世界野生動植物日」頒訂的那一年，洪德舜作為金門人，為鱟發出了在地的聲音，但是又有誰能傾聽理解呢？鱟的一生，對繁殖地的「忠誠度」很高，或許就像是金門人洪德舜對故鄉的感情那般深遠，卻再也無法從小時候生長的海灣出港。雖然一樣戀鄉愛土，人沒消失，鱟沒消失，但是鱟與人的生態關係已經發生了質變。

大金小金——歐亞水獺

充滿古蹟與戰地風情的金門，隨處可見的風獅爺，是居民祈求安泰的象徵，也是旅客們心中對金門鮮明的記憶，希望風獅爺也能一起守護金門水獺，讓金門成為他們安穩棲息的家鄉。

金門水獺

雖然〈金金祕林〉裡，有關水獺的作品相當多，在幫這個章節選圖時，心中確實有考慮幾幅適合的作品，但最後還是決定以這幅象徵金門的「風獅爺」知名景點，來為台灣最後的歐亞水獺族群，以及美麗的金門生態，留下時代的註記。

第三十四章

大金與小金——歐亞水獺

二〇一四年（民國一〇三年）

或許讀者們在閱讀此書插圖和文字的時候，會開始對〈金金祕林〉系列作品，以及當中時常來回穿梭的角色「水旺」與「水生」感到好奇，所以現在就讓我來說說，有關這兩隻小水獺兄弟的創作靈感來源，「大金」與「小金」的故事。

當初之所以喜歡上水獺，並且產生將水獺和其他野生動物作為創作主題的動機，起因於二〇一四年四月，發生了兩隻剛出生的野生「歐亞水獺」寶寶在金門某處工地被發現，隨後救傷至台北市立動物園的新聞事件。這起事件從開始到後續的新聞追蹤，都引起我的驚嘆和關注，除了被「原來台灣有水獺」的這個事實震撼，更驚覺自己身為台灣人卻對自己土地上的生態如此陌生，因此決定要以創作來述說他們的故事。

所以二〇一四年底，我創作了個人生平第一幅以水獺為主題的水彩作品「蓮影水鄉」，開啟了之後一系列包含〈金金祕林〉在內，有關水獺的相關作品。希望經由藝術語言的形式轉換，能使更多人加深對生態的認識，甚至會喜歡上他們。我始終相信大多數台灣民眾都跟我一樣，並不是不關心生態，只是不知道台灣生態的豐盛和美麗，也不了解台灣生物多樣性的脆弱與面臨的危機，才會長期無感。

當年的兩隻歐亞水獺寶寶，被發現時尚未開眼，可愛又無助的模樣，觸動了我急欲為這塊土地上的動物發聲，還有想要以藝術形式將他們美麗身影記錄下來的願望。為了讚頌他們的存在，「水旺」和「水生」就這樣誕生了，而他們的故事原型，就是那兩隻歐亞水獺寶寶，也就是後來的「大金」與「小金」。兄弟倆的真實遭遇，讓他們成為了二〇一四年全台最知名的水獺，也敲響了金門當地生態劇烈變動的警鐘，喚醒了台灣許多民眾對生態理應有的關心。

事實上，台灣在日治時期，因為開發密度較低，建築工法也較不具破壞性，許多當今已經消失的生物都還在那個時代安穩的生存著，例如歐亞水獺，原本是台灣本島一千五百公尺以下山區溪流，到沿海河口常見的生物。據說水獺因為肉腥，所以早期台灣人民並不經常獵捕水獺為食，但是水獺的毛皮卻是他們被狩獵的主因。儘管如此，一九六〇年代都還有水獺出沒台灣溪流的傳聞，直到一九八〇年代，台灣工商業迅速發展，經濟起飛的代價是台灣的大、小河川遭到汙染，河流與出海口的濕地被填平，難以估算的魚、蝦、蟹、兩棲類，不是絕種就是變成了保育類，而靠水維生的歐亞水獺因為失去了覓食環境，同樣從台灣島上消失了。

歐亞水獺是全世界分布地域最廣的水獺，涵蓋整個歐亞大陸，是分布最廣的哺乳動物之一。此品種的水獺身長約六十到八十公分，尾長約三十五到四十公分，身形呈現圓筒狀，臀部略寬，到尾巴開始收窄，狀似一片蘆薈葉瓣，因此整體造型優雅流線；四肢因為有豐滿肌肉與脂肪包裹，加上骨骼構造關係，外觀上看起來短胖，所以水獺在陸地上休息時，腹部及尾巴總是貼著地面，僅有奔跑或排遺時，腹部才會離地，尾巴才會翹高。

水獺的主要特徵是形狀如六角盾牌的鼻子，以及發達的「嘴邊肉」，不同種類的水獺造型各異，歐亞水獺的「嘴邊肉」與小爪水獺的相比就顯得特別寬扁，或許是這樣更適合夜晚在混濁的水域覓食，因為寬扁的嘴邊肉再搭配上許多細長的腮鬚，有利於歐亞水獺感知水中環境的變化和獵物的位置。水獺身上的毛皮有兩層，內層毛濃密柔細具有保暖和防水的功能，外層毛較粗長，在水中能服貼於身體。所以他們的四肢雖然短小，但是五趾間有蹼，加上流線的身型，讓他們在水中優游來去輕鬆自如，不論直線俯衝或是轉向翻滾都十分敏捷，一點都不輸水中棲息的魚。

二十世紀下半，由於世界各國的土地不當開發、殺蟲劑濫用、環境汙染及獵捕因素，世界各地的歐亞水獺族群快速消失萎縮，目前僅有歐洲因為保育工作起步較早，所以恢復穩定數量，但全球整體族群仍不樂觀。一九九九年「世界自然保育聯盟」（IUCN）將歐亞水獺列入「瀕危物種紅皮書」的「易危物種」，呼籲各國啟動保育工作。

台灣的歐亞水獺是屬於歐亞水獺的亞種，目前剩下金門地區有少量族群，估計不到兩百隻，被列為「第一級瀕臨絕種保育類野生動物」。金門因為曾歷經軍管時期，有許多區域禁止進入與開發，連帶使得水獺生存的棲地被保留了下來；但隨著台海情勢趨緩，軍事管制鬆綁，觀光產業開始蓬勃，小三通航運也增加了島上的遊客數量，促使金門縣政府或民間在短時間內擴張了土地、水道、埤塘與海港的開發利用，期望便利的觀光設施以及增建的飯店能迎來更多遊客。不過這些以人為主體考量的遊憩中心或道路建設，因為缺乏對生態衝擊的環境評估，因此直接將島上歐亞水獺的棲地破壞與切割，迫使金門島上的水獺族群行為模式產生變化，也面臨艱難的生存挑戰。

時光來到二〇一四年四月，大金、小金被發現的那一年，因為稀奇可愛，當時引來許多新聞媒體報導，敘述著金門古寧頭的某處工地發現了一對水獺寶寶，但事實上，並非是「工地旁發現」，而是他們原本的巢區變成了工地。

近十年來，金門的觀光發展，引入的多項開發案伴隨著房價高漲，金門人也開始買不起當地的房子，金門縣政府便開始計畫興建合宜住宅，增加了對土地的需求，因此金門慈湖旁，古寧頭林厝的濕地才被相中，大金與小金就是在施作地質探勘前的除草作業時被工人發現，才有幸緊急救援安置。

歐亞水獺寶寶是由母水獺獨力撫育，而大金與小金的媽媽是否因為施工的關係才棄巢而去？已經無從查明，只能確定金門的多項開發案極度欠缺長期的生態調查，才導致大金、小金還沒看過媽媽的模樣，就永遠的離開家鄉。

當年由於金門缺乏照養歐亞水獺寶寶經驗的單位，也缺乏適合長期收容水獺的環境設施，因此後來交由「台北市立動物園」接管，兩隻小水獺被救傷時還未開眼，獸醫研判最多一個月大。動物園曾在十多年前因為救援過一隻同樣由金門來的歐亞水獺寶寶「小新」，具備了長期的照養經驗，所以大金、小金才能順利的在動物園長大，只是因為自幼就未體驗過野外環境，因此專家研判不適合野放。另一層考量也是對於金門當前野外棲地的狀況存疑，所以大金、小金以及同年六月一樣是從金門收容進來的雌性水獺寶寶「金莎」，便擔任起駐台的水獺大使，並具有域外保種的意義。

由於歐亞水獺主要是在夜間活動覓食，特別是當棲息的環境中有人為活動，更難被目擊發現，以至於早期的調查工作並不容易，幸好歐亞水獺的排遺具有相當好辨識的特徵，可作為他們族群觀察的有力證據。獨居型的歐亞水獺為了要標記自己的活動領域，會在河岸或水道口周圍的明顯處排遺，排遺的內容物多半有尚未消化的魚鱗、魚刺或蝦殼，因此早期調查歐亞水獺的方式就是透過這些資訊來建構水獺的棲息範圍。但由於夜間拍攝水獺不易，所以鮮少有金門地區歐亞水獺的相關影像紀錄，而台灣的歐亞水獺族群也早已消失，使得台灣的社會大眾對這種瀕臨絕種的保育類動物，才會極為陌生，甚至根本不知道他們的存在。

台大教授李玲玲長期研究金門的歐亞水獺，曾分別於二〇〇三年與二〇一三年，都做了金門的歐亞水獺族群大調查，發現十年間，許多過去水獺出沒的地點，水獺族群明顯的減少甚至消失，特別是金門本島西半部地區變動最多，而更西邊的小金門島幾乎已經絕跡，這樣的改變與大金門和小金門的大舉開發有直接的關聯，也是大金、小金回不去故鄉的原因之一。

民國八十一年，金門地區終止戰地任務，改變了金門人的生活，也改變了金門人與金門生態之間的關係，島上的多項土地及水域環境的開發，造成了水獺賴以利用的水道和田野路徑改變或消失，對水獺的生存造成直接的衝擊。或許會有人問，金門四周環海，島上的歐亞水獺為何不選擇海岸邊定居？事實上，歐亞水獺是屬於淡水域的動物，雖然覓食範圍不僅是島上的湖泊與埤塘，的確偶爾也會前往海岸周邊捕捉魚、蝦、貝類，但是，當海中的活動結束，水獺仍需要回到有淡水的地方，洗去身上的海水，才能維持毛皮的防水保暖功能，因此當水路被阻斷，水獺為了往返埤塘、湖泊或是海岸之間，被迫走上馬路，就可能會發生水獺遭受車輛撞擊而死的憾事。

光是二〇一四年到二〇一七年間，金門發生水獺遭路殺的事件就高達十五起，對一個族群數量不到兩百隻的物種來說，實在是雪上加霜。雖然金門縣政府在路殺熱點設置了路標告示，提醒用路人注意，卻仍不是治本之道，重點是水域連結的優化、沿岸環境的友善、水質與水源的穩定，才是提升金門人自己以及歐亞水獺居住品質的保證，也是永續觀光發展的本質。

金門在戰地時期，因為限制開發，島上原來的淡水水系與外海之間四通八達，形成金門的歐亞水獺天然的理想棲地，軍用的戰備水池內豢養的魚類，讓水獺育幼或是覓食都相當容易。早年金門當地居民的營生以農業為主，因此開發密度低，人為的日夜間干擾少，可說是台灣的歐亞水獺最後樂土。後來軍管鬆綁，隨之而來的觀光業及小三通帶來的遊客，金門許多地區開始興建合宜住宅、大型商場，並增建寬敞道路，大規模的縮減與改變水獺的棲息地。金門人會開始與大自然爭地，也跟金門人開始買不起房子有關。早年金門一棟透天厝市價約四、五百萬台幣，但後來因觀光帶動了商機，BOT 案政策登島，在有心人士炒作下，鼓勵了人們囤房置產，原本的房價翻了三倍以上，金門縣政府為了解決居住問題以及水資源的獲取，才將部分濕地規劃用來蓋合宜住宅。這些看似平凡無奇、雜草叢生的野地、濕地，恰巧都是水獺和金門許多奇特鳥類的棲息地，但在沒有生態評估的狀況下大舉開發，水獺的家一夕之間變了調。

二〇一四年五月，金門的「昇恆昌金湖大飯店」正式營運，綜合免稅商店、影城、旅館功能，雖然增加地方娛樂多元性還有經濟的活性，但是卻位處金門重要的水庫「太湖」旁邊，不僅影響水域生態，也有水源汙染隱憂。平常的太湖就連民眾釣魚、戲水都是禁止的，但是昇恆昌的興建，卻因為土地利用範圍二點二公頃，所以不需要經過環評就輕鬆達陣駐點。

無獨有偶，林務所的 BOT 開發案也緊鄰水獺棲息的熱點，卻同樣因為施工面積恰巧少於五公頃而不需要環評，讓不少當地民眾質疑這些開發案的正當性。金門島嶼的總面積不比台灣本島，卻用相同一套規範來避免環評，制定的標準欠缺離島在地思維，才使得短短幾年間，金門島上生態發生重大破壞。而且這些規避環評的開發案，從建設到啟用讓不少建商看見了金門土地的潛力，越來越多的開發計畫開始對金門磨刀霍霍，金門當地豐富的生態便在任人魚肉下，失去了往昔的美麗。而金門生態的浩劫可謂一波未平一波又起，二〇一八年金門縣政府為了爭取行政院的「前瞻基礎建設計畫」經費，提出了多項計畫書，第一批次中獲致核定十五件，總經費達新台幣二十二點四億元，箭在弦上的工程計畫，帶給了金門的自然生態不確定的未來。

金門縣政府爭取的「前瞻計畫」預算，是期待未來能讓金門免於淹水和缺水之苦，並強調以生態為核心，改善水域環境的設施，將金門打造成「生態島嶼」。雖然這樣的願景是想在經濟開發與自然生態之間取得平衡永續，但是許多初期的工程卻缺乏長期有效的生態調查，所以在施作過程中再次對金門脆弱的生態造成傷害。例如金門的斗門溪與光前溪所匯流而成的金沙溪，是金門的第一大河，因為方便水獺覓食，周邊又有許多野草生長，相當適合水獺的棲息或育幼，是金門的歐亞水獺目前最頻繁出沒的區域。但由於金沙溪同時肩負農業用水的供給，早期的攔水堰施作卻因為缺乏生態工法，成了魚類、水獺或其他生物的生存阻礙，為此，前瞻計畫的「水環境改善」工程原本預計將這類缺點改善，讓金沙溪更具備友善生態的功能，卻不料第一期工程開始後，金沙溪末段的水獺棲地，因為整地開挖而幾乎消失，河岸邊已建置好的護堤角度近於垂直，可以預料到將會阻礙水獺上下往返。

原本按照金門議會的要求，左岸與右岸必須分階段施工，降低整治工程期間對水獺的衝擊，但是開工後實際結果卻大相逕庭。長期研究水獺的相關學者以及金門當地的保育團體和議員，在了解施工包商的環評報告後，都認為廠商對於該區生態的監測評估時間過於短促，缺乏長期數據的支持，因此只著重在避開生態敏感區域，但是敏感區外卻忽略了友善生態的規劃，反而限縮眾多生物能利用的空間，顯現出「前瞻計畫」的「生態檢核」程序，因為過於追求在短期內開工而流於形式，才缺乏在地的長期觀測，最終仍然是要生物、生態為了人而改變。

大金、小金、金莎雖然將在台灣本島的動物園度過餘生，但是他們的後代是否還有機會重回故鄉呢？水路的不連貫和高陡的河岸、夜間的光害、路殺隱憂，再加上犬隻攻擊或傳染病的威脅，都讓他們的歸鄉之路更加遙遠無期。所幸，不少金門在地人士自發性的巡邏，以及像是「金門縣野生動物救援暨保育協會」、「浯江守護聯盟」等團體，都仍在積極努力地守護水獺和當地生態，成為水獺和其他野生動物的發聲者與救援者。金門國家公園也開始不定期舉辦生態保育活動，進行在地宣導推廣，而金門縣政府還編列了「自動相機計畫」，在不少地點增設更多生態自動相機，進行有系統的歐亞水獺影像監測，加上金門當地的熱心民眾也自購專業偵測相機，在不同地點進行拍攝，補強官方的水獺調查網絡，並且將拍攝到的影像分享至網路影音平台。這些來自金門的即時影像，拉近人與水獺的距離，是推廣水獺保育有效的助攻之一，逐漸形成官方與在地共同守護水獺的一座明燈，希望能照亮金門走向成為「生態之島」的路，或許很快的，在將來某一天，台北市立動物園裡「三金」的後代還能回到故鄉的水中悠游。

台灣長久以來的市鎮開發和河川整治，過度水泥化人工化，因噎廢食所以缺乏創意，長期將人與自然環境切割，以至於住在台灣島上的都市人，眼中的「大自然」向來就只有路樹和公園，學校的公民基礎教育，也忽略了對台灣環境生態知識的傳承，生物多樣性的概念無法建立，所以台灣本島的民眾失去許多與自然共生的可能，甚至是朝向更多元幸福的生活模式。但金門因為是一個站在當代生態思維的建設中島嶼，許多美麗的動、植物尚存，因此下一步要往哪裡去，都是重要的關鍵。

如果每項開發案的目標仍舊站在短期收益的慣性模式，那麼對於一個擁有戰地風情和豐富生態的島嶼來說，實為可惜。被稱為「濕地精靈」的水獺，是水域及陸域環境健康與否的重要指標，他們的存在或消失，象徵著我們對土地的利用方式，是走向平衡永續還是重蹈覆轍。

台灣本島的水獺已經消失了，但是金門的根苗還在，希望仍在手中。

蟹蟹有你最佳獴友——
食蟹獴

生命是一條多姿多彩的河流，大家都在這裡嬉戲暢遊，流向一座山又一座山，一條灣又過一條灣，途中認識新的好夥伴，讓這條河更加不凡，因為有美麗的記憶存在。

你好～～獴！

這一天水旺與水生在溪流裡戲水，遇見了新的鄰居獴朧美，獴朧美帶著三個孩子來到溪邊散步。水生很開心上前與他們打招呼，歡迎他們來到金金祕林。

第三十五章　　二〇一五年（民國一〇四年）

蟹蟹有你最佳獴友——食蟹獴

上山下海等戶外活動是現代人遊憩活動的主要項目之一，在網路和影視媒體的推播下，台灣很多深林或海岸等天然祕境被公開，每年吸引成千上萬的民眾探訪，只是這些生態敏感脆弱的區域，能否經得起短時間內人類過多造訪的干擾？而那些前往各景點遊歷打卡的民眾，對環境維護的觀念素質各不相同，又是否能自律做到對山林海岸無痕、無汙染的守則？這些似乎不是追求收視率、點閱率的媒體和自媒體所在意的。

筆者多年來探訪遊歷台灣一些深林古道、野溪或海岸，時常可以發現遊客、釣客丟棄或遺留的垃圾，讓人不禁好奇，這些人之所以來到此處，不正是因為喜歡身處自然美景之中嗎？那又為何忍心在此製造髒亂呢？這些丟棄的垃圾中不乏免洗餐具、鋁罐、寶特瓶、塑膠袋、漁網或菸蒂等環境難以分解的材料，甚至還有未食用完畢的食材、醬料或果皮等垃圾，筆者還曾聽過其他遊客認為這些食物可以「自然分解」，所以丟棄是無害的論調，只不過他們可能沒想過，他們貪圖方便的後果，除了增加環境汙染，更可能會改變當地野生動物的覓食行為，或是增加人與野生動物衝突的機率，甚至對野生動物造成危害。

許多國家因人為丟棄的垃圾、食材或器具，而受到危害的野生動物案例所在多有，近代最鮮明的案例，莫過於海洋廢棄物所造成的鯨豚、海龜或海鳥等動物死亡，另外陸地上還有草鴞卡在天燈殘骸內死亡，都是相當令人不捨的案例。

而台灣也曾發現過相似的事件，二〇一五年九月，屏東林管處的巡山員在恆春山區發現了一隻全身毛茸茸的野生動物，因為整個頭部卡在「八寶粥」的鐵罐內，所以暫時無法判斷「苦主」身分，或許因為頭部受困八寶粥罐內多時，已經癱軟在地奄奄一息。經巡山員通報後，救援小組趕到，判斷「苦主」應該是一隻二級保育類珍貴稀有野生動物「食蟹獴」，因為將頭鑽進八寶粥鐵罐內食用殘羹剩汁，反被拉蓋卡住無法掙脫，所幸在救援小組的細心拆解下，食蟹獴終於脫離他與八寶粥的「一面之緣」，並且在恢復體力後迅速奔向山林。

食蟹獴是台灣溪流中的指標性物種，雖然屬於食肉目動物，但是也偏於雜食性，這次被登山健行的民眾所丟棄的殘留食材所吸引，因而遭此危機，若沒有人為的發現相助，必定會因為脫水與飢餓而死亡。人們隨意丟棄的小垃圾卻沒想到可能導致野生動物殞命。

長久以來，垃圾處理一直都是人類文明的重大課題，不論是民間廢棄物還是事業廢棄物，都是這個土地所有人的集體共業，所以，不只是風景名勝因人為丟棄的垃圾而汙染，許多都市與企業製造的垃圾也需要向大自然借地掩埋。

位於台二十八線的道路旁有一座拔地而起的小山丘，原本默默無名與世無爭，是當地居民才知道的「馬頭山」，據說因為台二十八線的道路貫穿後，原本神似馬頭的造型已經消失，但是現今存留的山形，其周邊仍是一處豐富的生態天堂，棲息著許多珍貴稀有的野生動物。馬頭山位在高雄旗山、田寮、內門三區的交界處，二〇一五年六月，馬頭山東側的山谷，被廢棄物處理業者申請開發，計劃成為占地二十八點七公頃的乙級廢棄物掩埋場。當年業者多次前往該地區進行地質探勘，判斷馬頭山東側谷地的地下層，屬於不透水的灰泥岩地質，所以相當適合選用作為掩埋場。然而反對興建掩埋場的當地居民，自主成立了「反馬頭山掩埋場自救會」，也開始進行馬頭山的地質探勘調查，卻得到了與業者不同的結論。從此，自救會與贊成的當地居民和廠商之間，展開了多次舉證與多方遊說聲援的僵持戰。

馬頭山位處高雄月世界泥岩地質範圍，這種地質因為不利於植物生長，外觀呈現光禿地表，缺乏大多數生物能利用的資源，因此在地質生態上被歸類為「惡地」。也因為地屬偏鄉，人口稀少，地價低廉，才被業者選定作為掩埋場計畫預定地。但是馬頭山東側的掩埋場預定地，因為緊鄰二仁溪上游，所以當地自救會認為掩埋場一旦設置在此，將有汙染高雄水資源的疑慮，而且自救會的調查研究表示，馬頭山區域存在豐沛地下水，地底屬於沙泥岩互層的區域，在這片區域上生長了大片原生刺竹林，是周邊惡地形內的「綠洲」，生態系獨特且豐富更是台灣少見。

當地居民組成了自救會後，不僅自力救濟，以專業方式探勘地質，二〇一五年八月後，也開始對當地的生態資源進行盤查。由於當地居民聲稱，時常在馬頭山見到穿山甲，為此自救會架設生態攝影機後，意外發現到更多不同的野生動物存在，其中很多都是保育類野生動物，而最常拍到的就是食蟹獴，甚至還記錄到三、四隻食蟹獴同框的畫面，推測可能是育幼中的食蟹獴家庭。此外還拍攝過母帶子的梅花鹿、正在吃蛇的大冠鷲，或是揹著寶寶的穿山甲等珍稀的野生動物，證實了馬頭山是一片生態綠洲，許多野生動物不只在此棲息，更是育幼繁衍的良好場域。馬頭山當地的居民，因為反對掩埋場的設置，無意間也發現了自己家鄉土地上蘊藏的寶藏。

食蟹獴又稱「膨尾狸」，廣泛分布於印度、中國、台灣、香港以及東南亞等地，是台灣唯一的獴科動物，也是台灣少數的日行性食肉目動物，但是較常被人目擊的時段卻是清晨與黃昏。他們偏好棲息在臨近溪流的區域，因為無論是覓食或睡覺都最適合他們，是台灣溪流環境的頂層消費者，所以也是判斷溪流、河川水資源優良與否的指標。

食蟹獴的外觀最大特徵是銀灰色的蓬鬆獸毛，體毛根部略帶棕灰色，所以早期農村人家形容他們像是披著棕簑，故也俗稱「棕簑貓」。食蟹獴耳殼呈半月形微貼在頭臉後方兩側，兩耳下方各有一道白色細長花紋延伸至頸部，也是他們的特徵之一。食蟹獴臉部窄小、嘴鼻末端突出，前後腳纖細各有五趾，趾間略帶有蹼，讓他們擅長在水域環境覓食。

顧名思義，食蟹獴的主食之一就是螃蟹，此外還有螺類、蛙類、蛇類，甚至大型昆蟲或小型鳥類，所以食蟹獴是水域和水域周邊森林裡重要的生態角色。而馬頭山會有許多食蟹獴棲息的原因之一，跟當地一種稀有的陸蟹「厚圓澤蟹」有關。厚圓澤蟹是一九九四年被認定的台灣特有種蟹類，屬於陸棲型的大型溪蟹，因為數量稀少難尋，早期學術界對他的生態習性一直理解有限，僅知道他們分布的地理區域狹隘，族群零星分散，主要棲息於台灣西南部的河川支流或山澗，如今因為馬頭山掩埋場計畫的關係，被當地自救會意外發現，也成為馬頭山重要的自然資源之一。

二〇一七年，陸蟹專家劉烘昌因馬頭山自救會成員的邀請，造訪了馬頭山調查當地的厚圓澤蟹，那是他研究調查陸蟹多年以來也難得一見的品種。當年他在馬頭山看到了厚圓澤蟹更多樣的棲息行為，解答了厚圓澤蟹在乾旱時期是如何運用地理環境求生，並確定了馬頭山的掩埋場預定地，有著高密度又穩定的厚圓澤蟹族群，是全台灣少見，再度證明了台灣所擁有的陸蟹種類多樣性是世界之最，連帶豐富了台灣的生物多樣性。

物種之間相依相存，就像馬頭山當地的食蟹獴，因為有陸蟹的存在才能安穩棲息，而食蟹獴以及其他野生動物的存在，讓馬頭山自救會的成員更有勇氣與決心要守護自己的家鄉生態，不願見到家鄉一夕變色。許多鄉民為護衛馬頭山，省吃儉用捐款調查地下水，添購生態相機，在一次又一次的環評大會中，自救會成員據理力爭，一次又一次的陳情抗議，是馬頭山的美麗生態帶給了他們無懼的底氣，並且力邀多位生態界、影視界人士造訪聲援，就是要台灣的社會大眾看到這片惡地中的綠洲，是台灣的寶藏。

二〇一八年，馬頭山設置乙級廢棄物掩埋場的計畫，在「反馬頭山掩埋場自救會」的努力下宣告暫停，但是社區的活性和凝聚力卻愈加強大，這一場為期三年多的抗爭之路，讓中高齡化的村落間因為有了共同守護生態的目標，而獲得嶄新的價值，原來的自救會轉型成為「馬頭山自然人文協會」，各個村民都在有需要的時候，發揮專長為家鄉出一份心力，並組成巡守隊維護環境，同時繼續學習新知，推廣這片刺竹林下的生態，讓家鄉馬頭山昂首邁步走出惡地。

熟悉馬頭山周邊地形的村人，仍以生態相機持續擴大當地的生態調查，據當地自救會的統計資料，目前生態相機所拍攝到的動物種類有兩百多種，當中就有二十多種保育類野生動物，證明雖然是「惡地」，但是村民與環境的友善，依舊能讓野生動物在此安居。

台灣近代，人類的經濟與休閒活動加速了淺山環境的開發，野生動物的棲地不僅減縮，還要面對人為垃圾的侵害。人類對物質的慾望產生了太多廢棄物，從遊客隨手一丟的物品，再到大量廢棄物違法傾倒，這些眼不見為淨的處理態度，都是我們暫時向未來預支的借款，食蟹獴的存在就像是告訴我們，這場借貸尚未透支，山川與溪流都還有希望回復，只要我們開始學會珍惜，守護環境以及這些最佳獴友。

高山魚場的夜盜客——
黃魚鴞

結伴出遊運氣也會加倍，在石蓮瀑布遇見一身金羽的大鳥，像是朦朧夜色裡隱身的明月，金羽大鳥說著「花非花月非月」，我們是有聽沒有懂……還是保持距離就是最美的相遇。

月瀑金美

水旺睡飽後，決定與水生一起順著水的走向，遊歷祕林世界。旅程開始就在石蓮瀑布遇見一身金羽的大鳥，好像是朦朧夜色裡隱身的月亮，金羽大鳥一臉霸氣又喃喃自語，兩兄弟是有聽沒有懂……還是保持距離靜觀其美。

第三十六章

高山魚場的夜盜客——黃魚鴞

二〇一六年（民國一〇五年）

多年前，日本的某些餐廳或咖啡廳興起了一股與動物一起用餐、喝下午茶的風潮，但是時下的貓、狗類寵物餐廳已經不新奇，更有業者引進水獺、浣熊或是貓頭鷹等動物陪伴來客，並且讓人能夠觸摸互動，拍照打卡，吸引許多日本消費者或外國旅客慕名造訪。

但是這些型態的店家，環境品質與動物福利標準良莠不齊，尤其是貓頭鷹這類容易緊迫的猛禽，卻被迫綁在棲架上，在明亮的餐廳無法正常作息，也無法自由飲食，還要受消費者騷擾。許多日本動保團體提出質疑，並於二〇一六年發起連署，呼籲日本政府明訂禁止以貓頭鷹等猛禽作為招牌動物來招攬客人，當年獲得上萬的日本國民響應。

而在台灣，目前因〈野生動物保育法〉的規定，台灣現有的十二種貓頭鷹皆列為保育類，所以禁止一般民眾飼養，但是二〇一六年卻有業者透過立委陳情，希望修改〈野生動物保育法〉當中第五十五條的附錄內容，來替飼養貓頭鷹解禁。業者希望解禁的貓頭鷹品種雖都係屬國外品種貓頭鷹，但是由於台灣的外來種動物溢出野外的問題嚴重，近年的「埃及聖環」、「綠鬣蜥」等危害都尚未解決，顯示出台灣業者與飼主的自律及防護水準難以令人信服。此外，台灣在合法飼養野生動物的列管查核上，人力與資源有限，時常力有未逮，難保不會因為法條鬆綁而殃及台灣脆弱生態。

因此隨即引起「台灣猛禽研究會」、「中華民國野鳥學會」提出聯合聲明，要求農委會審慎考量台灣國情，評估當中隱憂。在這份聯合聲明中，保育團體共提出八點原因，其中主要的觀點都與「危及野外族群」有關，認為一旦開放貓頭鷹可以人工飼養、繁殖、營利使用，當開放名錄中包含與台灣相同或相近的物種，非常可能造成台灣本土物種的盜獵壓力。聲明中還引用「國際自然保護聯盟」（IUCN）的調查，指出世界生物多樣性喪失的機制，除了棲地破壞，與世界各地外來種的引入也有相當大的關聯，因此 IUCN 建議各國「應制定法令限制不必要的引種與動物進口」。

台灣自一九八〇年代以來，也確實因為上面提到的兩項因素，造成了台灣生物多樣性已不如半個世紀前的樣貌。筆者雖然也覺得貓頭鷹的外貌迷人可愛，但畢竟野外才是野生動物的家，如果真的喜歡野生動物，就應該是希望他們自由的棲息在大自然。

領角鴞是台灣分布地域最廣、中低海拔最常見的貓頭鷹，所以時常遭到盜獵或是撿拾其幼雛鳥私自圈養，最後卻因為照顧不當而死亡或終身殘疾，這就是不該只因為喜歡某種動物，就強迫其與人類同居受人禁錮圈養的原因。

各種野生動物在大自然中皆有各自無可取代的生態角色，原生環境下多種類的食物也能讓野生動物維持健康，若隨意開放特定種類的野生動物飼養，將可能造成野外族群遭到濫捕或盜獵。

台灣的十二種貓頭鷹之所以皆被列為保育類野生動物，除了族群數量珍貴稀少，更因為這些貓頭鷹是維持台灣山林生態平衡的重要角色。這十二種貓頭鷹中，體型最小的「鵂鶹」只比麻雀稍大一些，是台灣唯一的日行性貓頭鷹，身材雖然迷你，卻是白天的山區森林中，蜥蜴、蛙類、昆蟲甚至是山雀所懼怕的掠食者。而其他的貓頭鷹則擔任台灣原始森林裡守護夜間生態系的天職，對於維持山林健康有莫大的貢獻，因此貓頭鷹的存在將有助於我們理解山林的生態運作是否正常，是不可或缺的重要指標。

台灣早年的原始森林遭到濫墾濫伐嚴重，許多野生動、植物因此受到危害，政府雖在一九九〇年代初開始禁伐原始林，但如今淺山環境的開發劇增，讓貓頭鷹的生存更加不易。棲地減少，加上猛禽之間彼此競爭領域的發展下，許多貓頭鷹被迫退往更高海拔的深山密林居住，雖然能遠離人為活動的干擾，但是生存上更加不易。

台灣的貓頭鷹當中，體型最大的「黃魚鴞」因為習性獨特，需要在依山傍水的環境中覓食與繁殖，所以低海拔過度的人為開發，造成原始林消失，溪流改道或汙染，令他們面臨更大的求生挑戰。台灣西部的淺山地帶幾乎已經沒有黃魚鴞的蹤跡，部分族群往更高海拔原始林的溪流棲息，算是已經到了退無可退的地步。

目前發現黃魚鴞在台灣最高海拔的棲息紀錄，為兩千公尺山區溪流周邊的原始森林。雖然這類環境仍有充足食源，但是高海拔的氣溫與氣候變化極大，加上這區段能利用作為巢窩的植物較少，讓黃魚鴞的生存和育幼備受考驗。黃魚鴞不只是台灣體型最大的貓頭鷹，也是台灣唯一的

「魚鴞」。

全世界的魚鴞有七種，四種在亞洲，三種在非洲，亞洲魚鴞的眼睛虹膜皆為鮮黃色並長有耳羽，非洲魚鴞的特徵正好相反，除了都沒有長耳羽，眼睛的虹膜也都是黑色的，是相當明顯又奇特的差別。

黃魚鴞分布於東南亞、台灣、中國再到印度一帶，體型是亞洲魚鴞中第二大，體長約六十公分，令人乍看之下會以為是大型鵰科。黃魚鴞的羽色為深棕色和淺棕色相間，胸前到腳爪上方的羽毛則呈現黃棕色，並且在上面隨機分布著像是中楷毛筆畫出來的不規則深色條紋，讓羽色更添斑斕可愛。黃魚鴞的耳羽，從圓睜有神的雙眼上方以四十五度角往頭部兩側延伸揚起，這樣像極了兩道威風凜凜的眉毛，也像是戴上了一頂古代將領的帥氣頭盔，讓黃魚鴞深邃的大眼睛更添氣勢。

黃魚鴞的臉部不像許多貓頭鷹一般，左右各有明顯的半圓形「集音盤」，所以他們在潺潺水聲的溪流中覓食的時候，更仰賴的是視覺能力，讓他們能在減少聲音的干擾下，看準溪石之間蟹類或魚類的方位，並迅速出擊增加命中率。而他們的腳掌底部還長滿小棘刺，使他們在濕漉的溪石上能站穩，並且抓牢從水中捕到的獵物。由這些特徵來看，黃魚鴞真的是溪流環境中的覓食高手。

因此在原始的天然環境中，黃魚鴞理應有著更多元的覓食場所，卻因為台灣平地到淺山環境的開發破壞，而減少了生存條件。在目前的研究紀錄中，黃魚鴞不僅捕捉魚類、蟹類為主食，也會獵捕小型哺乳類、鳥類、蛙類，甚至是有毒的盤古蟾蜍，但黃魚鴞似乎不受蟾蜍的毒性影響，令人驚嘆大自然中生物相生相剋的奧妙。雖然黃魚鴞會因當地的生態來變化「菜單」，但是主要的覓食行為仍在溪流附近的區域，以找尋水中生物或兩棲類動物維生，因此黃魚鴞反而比其他貓頭鷹更容易與人發生衝突。

台灣高山的氣溫因為適合進行冷水魚類的人工養殖，為此政府自一九六〇、七〇年代開始研究，並推廣在高山地區建設魚塭，發展「鱒魚」的養殖產業，一九九〇年代末養殖鱒魚的魚場遍布中部以北的山區，當時每年的產量就高達一千多公噸，但是後來因為天災因素造成了產業萎縮。

早期這些山區的魚塭，就是黃魚鴞會經常造訪捉魚的地方，而黃魚鴞們願意鋌而走險進入人工環境，除了美食的誘因之外，或許跟天候不佳造成溪水周邊的環境不利覓食有關，也可能是因為正值黃魚鴞的育幼時期，親鳥需要大量的食物，因此魚場中的養殖池就成了他們的「死亡陷阱」。

成年黃魚鴞的體重約兩公斤多，所以中小型的魚類是他們較能應付的體型與重量，但是不少黃魚鴞因為選擇魚塭中過大的鱒魚，而常發生帶不走又放不下的狀況，最後在低溫的魚池中力竭喪命。由於當時黃魚鴞並不是山區魚場樂見的鳥類，所以即便有黃魚鴞受困魚池中奄奄一息，下場也不太可能是被救起醫治。很多魚場為了防止他們來「盜獵」還會設下陷阱捕捉，相當數量的黃魚鴞就在魚場的致命吸引力下，再也飛不回溪流畔的森林。

所幸，隨著野保法的制定與當代保育意識的普及深化，若遇到黃魚鴞受困魚池，有些業者已經會主動通報，讓這種生態學者難得一見的貓頭鷹，因養殖業者的配合能增加一些研究機會。不過，人類要吃魚，黃魚鴞也是，在自己家園覓食的黃魚鴞能否每次都如此幸運呢？

事實上造成這些人、鴞衝突的，始終是人為因素，人類改變了他們的棲地，擷取水源利益自己，黃魚鴞除了退居高山，還要面對因為水壩的興建與野溪整治造成的生態變化。近二十年來，雖然黃魚鴞的保育等級從「瀕臨絕種鳥類」降為「珍貴稀有」，野生動物保護區與國家公園的設立是重要的幫助，但是在這些範圍之外的黃魚鴞族群數量仍不樂觀，黃魚鴞的基因多樣性也受影響。

逐水而居的黃魚鴞，不僅僅是夜間生態系的頂級掠食者，更是台灣溪流環境的「保護傘物種」，當人們努力守護黃魚鴞的生存環境，讓這樣的物種長久存續，代表其他的生物也依然在此繁衍，溪流的生態依然健康。但若是黃魚鴞失去了溪流，溪流也失去了黃魚鴞，就表示我們人類已經嚴重的傷害了生態，因此如何讓台灣僅存的黃魚鴞族群再次回歸中低海拔溪流，是台灣所有世代的功課。

檢視過往，面向未來，隨著研究學者一次次在暗夜中追尋黃魚鴞的發報器，觀察他們的生命歷程，都有助於我們了解這塊土地的生態樣貌，找出與其他生命共存共榮的方式。

高山夜晚的原始森林中，傳來「武嗚」的鳴唱，那是黃魚鴞低沉悠揚的獨特歌聲，好像是森林的智者在呼喚，指引著我們，應該去那裡尋找土地的答案。

當代的相挺動物精神——

麝香貓

每到夜晚，天上的繁星就會落到湖面上，雖然讓我們分不清上下左右，卻可以低頭細數點點星光。新朋友舊朋友不約而同來到星河島上，新朋友有點陌生，舊朋友讓人安心，不管如何，在這天湖一體的美景夜色之中，我們都不再想東想西，靜靜享受星河照映。

星際之緣

麝香貓姊妹大香、小香，與白鼻心白妞彼此不太熟悉，但是在美麗的星空之下，似乎可以忘記一切緊張擔憂，水旺和水生也來到這星河小島，白妞驚奇的以為他們兄弟倆是從星空來的水獺。

第三十七章

當代的相挺動物精神——麝香貓

二〇一七年(民國一〇六年)

位於宜蘭縣的「福山植物園」是台灣少數具備林相研究、民眾休憩、生態教育，並且能夠近距離觀察到野生動物的山地植物園。

植物園每天以總量管制的方式讓遊客申請入園，大幅降低人為活動對植物園生態的干擾，因此就算是在開放時段，一般遊客也可能有機會看見野生的山羌、野豬、鴛鴦、小鸊鷉等動物。不僅如此，園內的夜晚也是熱鬧非凡，駐點在「福山研究中心」的工作人員，就時常能在夜間看見白鼻心、食蟹獴、鼬獾，甚至是行蹤神祕的麝香貓在園區內大方現身，各個模樣可愛令人心醉，因此福山植物園將他們封為「福山四小福」。

雖然一般遊客在下午四點前就必須離開，通常無緣一見，但是自二〇一七年十月開始，研究中心使用紅外線自動感應攝影機，蒐集這些夜行性野生動物的影像紀錄，透過生態節目與網路媒體，將福山四小福在野外棲息覓食的模樣，呈現於世人眼前，讓植物園在現代的角色功能更加貼近社會大眾。

被稱為「星空下的匿行者」的麝香貓，一直是生態學界陌生的野生動物，對他們在野外的習性沒有清晰完整的了解，目擊機會稀少，動態影像紀錄更是難得一見。多年前，陽明山國家公園曾公開過一小段生態相機拍攝到的野生麝香貓影像紀錄，雖然是黑白畫面，當時卻已經彌足珍貴，如今藉由福山植物園的彩色影像紀錄，終於讓人能稍微一探麝香貓的神祕樣貌與難得見到的野外行為。

同樣是二〇一七年，七月份，苗栗一隻麝香貓不慎摔落廢棄的水泥蓄水池底，因為無法自行攀爬脫困，而被民眾救起並通報相關單位，經由新聞媒體播報後，才讓麝香貓首次在台灣社會大眾眼前亮相。這隻麝香貓因為身體健康狀況良好，在當天就地野放，而他或許是長久以來，第一隻在人間短暫成為「大使」的麝香貓，令人開始思考這場相遇的意義。

麝香貓是台灣的特有亞種，名字有貓但卻不是貓，他們是「小靈貓屬」，與「花面狸屬」的白鼻心並列台灣唯二的「靈貓科」動物。麝香貓在台灣主要分布於東北角、中南部及嘉義以南的中低海拔森林。苗栗近年因為石虎議題，成為保育界與社會大眾的關注焦點，為此學術界積極在樣區架設生態相機，連帶也使得拍攝到麝香貓的機率增加，證明了苗栗淺山環境的原始森林，不只是石虎的棲地，也是許多珍貴野生動物的家園。

麝香貓在台灣是「珍貴稀有」保育類動物，野外的數量粗估比瀕臨絕種的石虎還要多，分布範圍比石虎更廣，但是被生態相機拍攝到的次數卻比石虎還要少，因此民眾對麝香貓相對陌生。

和擅長爬樹的白鼻心不同，麝香貓的體型纖細，頭臉窄小，善於穿梭在濃密的灌木及草叢之間，找尋地面的小型動物或昆蟲為食。他們全身的毛色呈淡褐色，而且布滿排列奇特的深棕色花紋，身體兩側的花紋為斑點狀，背部到臀部則呈現直列式的條紋，但是到了尾巴又變為橫向的七道至九道黑白相間條紋，因此麝香貓有時也被稱為「九節靈貓」，這三種花紋讓他們身處灌木或草叢時，真的會令人眼花撩亂，更添幾分神祕魔幻色彩。

不過麝香貓的名號，可能會令人誤以為他們與知名的「麝香貓咖啡」有關，但事實上，那種被咖啡耽誤一生的麝香貓，是印尼的另一種靈貓科動物「椰子貓」。椰子貓的生態習性與白鼻心較相近，愛吃水果的他們自然也會吃咖啡果，在過去荷蘭人殖民印尼時期，農人意外地發現椰子貓糞便中殘留的咖啡果種子，經烘焙後具有獨特香氣；到了近代，因為全球化以及商業炒作，讓這種「貓屎咖啡」飄出濃濃的謎樣香氣，令許多咖啡愛好者心生想望，使得貓屎咖啡開始身價不斐。因為有利可圖，於是商人便開始捕捉並囚禁大量椰子貓，為了提高產量所以只餵食他們咖啡果，讓他們長期在牢籠中專門生產貓屎咖啡。椰子貓的食性廣泛，除了多種水果也會捕捉小型昆蟲或爬蟲類，但是這些只能吃咖啡果的椰子貓，嘗不到自由的滋味，也嘗不到豐富的天然食物，單一化食物的餵養以及狹小的牢籠，導致他們都營養失衡且有嚴重的刻板行為，夜行性的他們，白天可能還要供遊客們觸摸欣賞，才能刺激遊客買下他們的「便便」。

在國外的保育團體極力調查下，許多事證顯示出，這些圈養椰子貓的農場，動物福利水準都極低，因此公開這些不人道的剝削行為，呼籲人們停止這類參觀行程，希望世界各地的消費者了解真相後，能做出良心的選擇。事實上，貓屎咖啡難以量產是它價格昂貴的原因之一，其二，它「風味獨特」的賣點多半是因為來源奇特與渲染的結果，雖然市面上有標榜野地採集的貓屎咖啡，卻沒有具公信力的機構能認定來源。但無論是圈養還是野採，都將會對當地生態造成影響，因此國際上許多動保及保育團體都建議消費者，勿為了新奇嘗鮮卻造成椰子貓終生的苦難。

近代，人類受到致命病毒危害，讓人省思與大自然的依存關係，以及對野生動物產製品的必要性，為了避免傳染疾病的風險，以及呼應當代野生動物保育的觀念，社會大眾開始思考，各種動物在被經濟利用時的正當性與其後果。許多動保和保育團體，紛紛提出在過去沒有被人們正視到的問題，像是在一九九〇年代成立的「關懷生命協會」或是「台灣動物社會研究會」，因為受到當時國際上保育聲浪的啟蒙，成為台灣最早為經濟動物、流浪動物、野生動物或實驗動物發聲的團體，讓台灣民眾了解動物福利、人道宰殺對於經濟動物與消費者健康之間的重要性，也揭開了早年流浪動物在收容所內惡劣的生活狀況。

藉由資訊的公開宣導，凝聚社會共識，督促政府制定法規改變現狀，更重要的是勸進企業和消費者一起為動物福利做出改變。台灣至今在對待經濟動物的圈養福利上，與三十年前比起來，有相對的進步，但是距離理想目標還有很大一段路，所以「關懷生命協會」與「台灣動物社會研究會」等團體仍然持續努力著。在這三十年間，許多熱心民眾和研究學者紛紛為了他們所關心的流浪動物、收容動物以及野生動物，成立了社團或學會，在各自的領域扮演引領社會進步的角色。到了自媒體的時代，這些團體逐漸成為知識和經驗的分享者，有了自己的管道，為動物福利及野生動物保育發揮相當的倡議功能。

只不過隨著這些議題的浮現，深度的探討和過於嚴肅的內容，容易使民眾卻步，很多熟悉自己專業領域的學會或團體，卻不善與群眾溝通或自我宣傳，缺乏發聲的機會，特別是在資訊量龐雜的多媒體時代，這些重要議題就容易被稀釋淡化，依舊缺乏社會關注。

直到二〇一七年，筆者第一次參加了由「挺挺網絡」舉辦的「挺挺動物生活節」，才發現到這樣的隔閡終於開始有了突破。「挺挺動物生活節」是以人與動物相挺共生的態度為主軸，廣邀動保團體、野保團體、公私立收容機構、友善環境農作以及相關藝術創作和文創品牌等齊聚參與，藉由熱鬧愉快的市集活動搭起人與動物之間的橋樑。所有參加的單位或商家在這兩天的生活節裡都擁有自己的攤位，盡全力表現自己，有的設計互動式遊戲推廣保育知識，讓到訪的民眾接收第一線的資訊，有的製作精美義賣商品，讓社會資源不再只是單向的捐款，而是雙方互惠。不只如此，「挺挺網絡」還力邀知名的保育人士、研究學者在舞台上現身說法，更請到影視名人共襄盛舉，以表演或對談的方式為動物發聲，為公益理念宣傳。

筆者自二〇一七年至二〇一九年，皆有幸在「挺挺網絡」所籌辦的活動設攤，親歷其中，感受到主辦單位的用心籌備，不僅行前有詳細的規劃和清晰的文宣讓參與的單位能順利入場布置及撤場，在活動當天還設計蓋章集點的方式，刺激遊客盡量到訪每一區攤位，也會安排活潑的課程讓遊客能開心無負擔的吸收保育新知。這些精心的企劃，讓「挺挺動物生活節」或其他相關活動不只是吸引關心相同議題的人前來，也讓不同領域的團體有了對話的開始，這是台灣過去所沒有的進展，是人、動物、環境共享的嘉年華。

其實「挺挺動物生活節」的第一屆是舉辦在二〇一五年，當時筆者雖然沒有參與，只透過網路媒體而有大約的了解，但是當年的文宣設計令人為之驚豔，簡約優雅的圖像視覺，傳遞出清楚的資訊，活動名稱與文字創意也使人感到輕鬆有趣，這是過去相似類型的活動所沒有的行銷理念，因此成功引起媒體的關注以及民眾的好奇，是讓此活動連續四年都交出好成績的原因之一。

而在背後負責統籌的「挺挺網絡」就是重要舵手。「挺挺網絡」是以社會企業的形式成立於二〇一四年，發起人之一也是執行長的劉偉蘋，原本是專職的品牌企劃行銷，後來為了實踐自我的動保態度而淡出職場，但或許因為過去的職場經歷，讓她具備傾聽各種聲音與意見的性格，所以在推廣動保觀念的時候，願意試著接受和理解其他領域所提出的觀點，加上本身曾擔任過長期的鯨豚保育志工，因此也深感展演動物的哀傷，於是開始將目標放大，吸收學習動物福利與野生動物保育議題的相關資訊，讓相挺的對象不再只限於「毛小孩」，而是更多受苦難的動物們，期許更符合「挺挺動物」的精神。

在這個把願望升級的過程中，夥伴的相助也很重要，「挺挺網絡」的另一位發起人梁淑清原本是平面設計師，因此與挺挺有關的主視覺設計幾乎都出自她之手，曾身兼第一線的動保志工，後來與劉偉蘋相識，理念一拍即合，二〇一五年同樣辭去了正職工作加入「挺挺網絡」，成為重要的核心人物之一。在這六年的實踐理念期間，「挺挺網絡」雖然也受到許多質疑，卻還是盡心盡力做好溝通與促進對談的角色。

「挺挺網絡」在二〇一〇年代萌芽成長，是台灣許多「動物保護」及「野生動物保育」領域的人士共同相助灌溉的結果，這樣的社會企業或許是台灣當代少見，為動物們做行銷的公司，努力讓社會看見一幅人與動物互惠互助的藍圖，也為不同理念的人，創造能相互了解的因緣。

台灣雖然自〈野生動物保育法〉施行後，許多野生動物都脫離了被人利用謀生的命運，但是盜獵、走私與外來種侵襲的問題依舊，而〈動物保護法〉三十多年來一修再修，仍然有許多農場或養殖業的展演動物及經濟動物，存在著圈養福利不足的疑慮，「挺挺動物」觀念的推廣，將有助於重新定位動物對於人類社會的價值與意義。筆者認為，台灣這四十多年來，動保及保育觀念是朝向進步的方向，越來越多民眾會在發現野生動物受難時，會主動通報相關單位，因此許多問題並不是過去沒有，而是到了近代才被發現並且提出討論。過去許多看似發心良善的行為，在缺乏數據和理性思辨的情況下，導致了難以解決的無奈，如果有機會能夠讓不同領域的團體彼此交流理解，這些問題的因果關係才能完整顯現，在集思廣益下將會有較妥善的解決方案。

我突然想到了麝香貓身上的三種花色，是那樣的不同，卻又那樣的協調美麗。

剩下四十趴的地球生命力——

北非白犀牛

在迷信與貪婪的合作之下，鋸子與斧頭讓犀角離開了犀牛的臉，利慾催動著砍劈之手，直到最後草原上的犀牛消失，也仍未停下。強壯的巨獸變得脆弱，美麗的臉龐必須躲藏，備受保護的最後一支角，又是為誰而生?為誰而長?

獨角獸

最後一隻雄性北非白犀牛「蘇丹」的離世，是本世紀初，人類自詡為星球主宰的失格代表作之一，所以我以鉛筆素描的方式創作「蘇丹」，鉛筆的灰黑象徵著我對犀牛的憑弔，留白的部分則交給各位讀者發揮創造。

第三十八章　二〇一八年（民國一〇七年）

剩下四十趴的地球生命力——北非白犀牛

近代，「生物多樣性」一詞時常被國際上的保育組織提及，廣宣它的重要與失去它將會產生的危機。它所涵蓋的意義，具有遺傳多樣性、物種多樣性、生態系多樣性三個層面，如果再配合地理位置和不同地形，就構成了複雜又龐大的運作系統，包含人類在內的所有生命都是系統中的一員，息息相關，也維持平衡，相互之間提供出無形的生態服務利益彼此，而人類也從中獲取糧食、衣物、醫藥、建材等維持生命的基本，更衍生出巨大的經濟體系來滿足所謂的幸福生活，所以人類是「生物多樣性」中受益最多的生物，卻也傷得它又深又重。

台灣這十多年來，因為基本國民教育中納入了「生物多樣性」的相關課程，加上接軌國際的保育觀念、相關生態紀念日的宣傳，以及林務局與民間單位的推廣，社會大眾對「生物多樣性」一詞普遍都有印象。但是，台灣雖然有六成左右的民眾聽過「生物多樣性」，比例與英、美、日、德的受訪結果接近，但是對於「生物多樣性」的內容了解卻相對偏低，顯示出社會大眾對自己與自然之間的關係，缺乏基礎常識來建立連結，因此相關的保育政策與行動，或是支持友善環境產品的消費行為，較難成為主流。

其實台灣的〈野生動物保育法〉第一條就提到了「為保育野生動物，維護物種多樣性，與自然生態之平衡，特制定本法」，清楚的說明了野保法成立的精神與目標，是建構在「生物多樣性」的概念底下。「生物多樣性」越完整，象徵著國家生態系越穩定且豐富，是國土的健康指標，也是我們基本生存和幸福生活的重要供給源，因此才需要以國家的律法，明訂出保護的方式及使用的標準。

而「生物多樣性」之所以重要到必須被許多國際保育組織積極提出討論，也被許多國家採納成為政策之一，正是因為相對「多樣性」，全球因為氣候變遷、環境汙染、過度的不當開發以及對陸地與海洋野生動物的濫捕，使得全世界自然棲地中的動、植物數量，在短短的百年間急速消失，並且導致許多生物正在瀕臨絕種邊緣，生態平衡遭到瓦解，全球若不再聯合採取行動，「生物多樣性」一旦損失到無法修補，人類自己的經濟活動，那努力追求的「幸福生活」，也將如沙灘上堆起的城堡那樣，成為夢幻泡影。

由「世界自然基金會」（WWF）與「倫敦動物學學會」合作，提出的《地球生命力報告》是「生物多樣性」的另一種概念，是WWF最重要的出版物，主要是檢視世界各地物種族群的變化狀態，以及人類的「生態足跡」對地球環境的影響結果。

「生態足跡」意指人類在生產製造食、衣、住、行等物品時，對土地與水源利用需要的量，以及當中產生的廢棄物，也可以說是，在耗費自然資源時對生態環境所造成的壓力。這份報告指出自一九六〇年代開始，人類的生態足跡大幅增加，已經超出地球能負擔的一點五倍，若不思改變，除非地球資源多出三倍以上，否則不遠的將來，人類將耗盡地球上現有的天然資源。

二〇一八年的《地球生命力報告》更提出警訊，人類自一九七〇年以來，已經直接或間接讓全世界的野生動物族群量，平均下降了六成，最大的原因是自然棲地遭到改變與破壞，其二是對野生動物的濫捕，全球被吃到滅絕的哺乳動物就至少三百種。甚至有些被獵殺的野生動物與食用沒有直接關係，而是單純為了獲得野生動物身體上獨特的構造或器官，像是因為亞洲迷戀犀牛角產製品的關係，導致亞洲犀牛與非洲犀牛遭到毀滅式的獵殺，皆處在絕種邊緣，而「西非黑犀牛」早已在二〇一一年絕種，並且在短短七年內，「北非白犀牛」同樣步上絕種之路。「犀牛」可算是上個世紀至今，因為被人類貪婪的慾望逼上絕路，最具代表性的物種之一，盜獵集團與亞洲黑市，只想著憑藉犀牛角牟取暴利，為此犯險違反國際貿易禁令，也絲毫不顧犀牛瀕臨絕種的處境。

二〇一八年，令全球生態界及保育人士最感到悲傷的物種滅絕，就屬「北非白犀牛」了，雖然嚴格說來，北非白犀牛尚未從地球上消失，但是野外族群已經因為盜獵而絕跡，最後的三隻北非白犀牛，輾轉被送至東非肯亞的「奧佩傑塔自然保護區」，但二〇一八年，隨著最後一隻雄性北非白犀牛「蘇丹」因衰老死亡，等於宣告了這個「白犀牛」的亞種，將確定從此在地球上消失。

北白犀之所以滅絕，與亞洲的黑市交易有直接關聯，長久以來亞洲人迷戀犀牛角，深信它具有神奇功效，擁有它的製品也是身分地位的象徵，就算科學證明了它的成分普通、與人類指甲無異，但是在黑市炒作下，犀牛角比黃金還珍貴，是全球各地的犀牛仍無法脫離盜獵威脅的原因。

北白犀不僅要面對盜獵威脅，他們的棲地還正巧集中在政局不安又戰火頻傳的剛果、烏干達境內，所以北白犀的天然棲地就變成了盜獵者和黑市商人的犯罪天堂，國際的保育組織也愛莫能助，似乎預告了北白犀的絕種只是時間的問題。因此「蘇丹」身為全球最後一隻雄性北白犀，和另外兩隻雌性北白犀「娜晶」與「琺圖」，就成為了當時保育界最後的希望，但是儘管學界費盡心思，想方設法要讓最後的北白犀交配繁殖，卻因為許多不利也不明的因素，讓僅存的火苗到最後仍熄滅在人類的偉大文明裡。

回顧蘇丹的生平，除卻他身為本世紀最後一隻雄性北非白犀牛的獨特光環，其餘的生命時光，仍因為盜獵威脅而身不由己。年幼時的蘇丹在一九七〇年代被獵捕，之後被送至捷克共和國「德克勞福動物園」度過大半生，又在二〇〇九年和其他三隻同伴被送回非洲肯亞的「奧佩傑塔自然保護區」，受到荷槍實彈的守衛嚴密保護，在保育界的努力與期盼下，身負起北白犀族群繁衍的重大責任。

一般來說，白犀牛的壽命大約是四十到五十歲，蘇丹被送到保護區時約三十多歲，雖然身體健康但也已過盛年，就算發生過幾次自然的交配行為，卻總是無法讓保育團體等到好消息，直到後來蘇丹年老，完全失去了交配能力，保育組織便開始希望借助科技，來延續北非白犀牛的最後根苗。事實上，蘇丹確實也曾為北白犀的族群繁衍貢獻良多，目前僅存的兩隻雌性北白犀「娜晶」

與「珐圖」就分別是他的女兒及孫女，也成為了「蘇丹」離世後，運用科技繁殖方法的最後寄望。但是由於娜晶與珐圖的身體狀況已無法懷孕，所以勢必只能從這兩隻僅存的雌性北白犀體內取出卵子。只是，犀牛的人工受孕技術及設備，幾乎要從零開始，因此讓人工受孕的方式備受挑戰。

保育組織在蘇丹逐漸衰老、可以預見的死亡即將來到之時，就已經開始籌備相關人工復育的經費和技術測試，保育區還與線上交友程式公司合作，為蘇丹登載「徵偶」廣告，此項宣傳為這個計畫募得約九百萬美元的復育經費。除了成功保留了蘇丹的基因，後來也在跨國團隊的合作下，成功蒐集了共十個母卵細胞，五個來自娜晶，五個來自珐圖，加上僅存兩隻雄性北白犀「蘇尼」和「蘇丹」的精子，代表著北白犀的人工孕育胚胎技術跨出了第一步。

但是由於娜晶與珐圖已無法懷孕，所以下一步，能否尋求另一種白犀牛的亞種「南非白犀牛」來做為代理孕母，對科學團隊來說仍然是未知數。可以確定的是，四十五歲才老死的蘇丹，不僅是隻長壽的白犀牛，為自己族群的命運撐到了最後一刻，他更為人類的文明下了一個警世的註解，也為人類的科技開啟了新的意義。

只是，就算北非白犀牛被成功復育，屬於他們的天然棲地又在何處？只要亞洲仍有犀牛角的買賣，回不了故土的北白犀，在自然世界裡仍然是滅絕狀態。所有犀牛的瀕危以及白犀牛與黑犀牛亞種的滅絕，仍然是全世界人類在面對自私及貪婪時，慘敗的證明，犀牛角只是牟利之下的犧牲品，當消耗殆盡，還是會有其他野生動物被炒作成為新「商品」。

台灣至今早已脫離國際間助長盜獵犀牛的行列，成為保育犀牛工作的一員，「九〇」後出生的台灣人，不需要犀牛角的裝飾收藏，也不依靠犀牛角偏方治病，一樣能享有健全的醫療資源來維持健康，足以見得類似犀牛角、穿山甲鱗片、龜板等野生動物產品，大多只是少數人為了獲利而製造賣點的工具，但是當這些野生動物在野外遭到濫捕，卻會對「生物多樣性」造成莫大的傷害。

我們無法想像非洲少了犀牛這個生態區位的物種，會對其他的物種間產生何種影響。可能我們會問自己，身在遙遠國度的我們又能為他們做些什麼？如果能覺察到我們本來都是地球生命的一員，那麼能做的事情，不論大小，都將有其意義。例如減少浪費、多選擇友善環境的食品或商品，還有慎選動物相關產製品，都是我們自己在生活中能做到的改變。我們人類的一生與「生物多樣性」密不可分，從我們習以為常的呼吸開始，到三餐所攝取的營養食物，以及出門旅行所享受的壯麗景色，都並非理所當然，而是所有生命共生共有的。

當我們理解與其他生命共享這個地球，深刻體認我們生活所需也都仰賴其他生命的貢獻，學習與他們共存，還要減少對它們的傷害，如此將能為人類文明締造永續的新篇章。

生態之眼遭竊與保育類動物大洗牌——

黃喉貂

一場冒險旅程總有到盡頭的時候，因為過程是那樣豐富又華麗所以並不遺憾，因為一路上有很多朋友相伴所以回憶滿滿。雖然山高水深，我們無法再繼續，但前方的路途就交給你們繼續完成了，要代替我們好好看遍前面的精采美景。感謝這一切的安排，讓我們祝福彼此，有緣再會！

黃金幽谷

去年水鹿伯下山時，就曾聽他介紹高山溪谷的美麗，所以水旺與水生決定溯溪而上一探究竟。沿途的溪水清澈，山石如玉，雖然到了一處幽谷後就再也上不去，卻看見了動作敏捷的金黃身影，讓這段溯溪之旅有了更豐富的回憶。

第三十九章

二〇一九年（民國一〇八年）

生態之眼遭竊與保育類動物大洗牌——黃喉貂

在創作的過程中，會引起我好奇及觸發創作動機的野生動物，除了過往就注意到，或是生活中曾經見過，並留下深刻印象的種類，再者就是那些成為新聞主角的野生動物們，例如水獺、石虎、食蟹獴、黃喉貂等過去人們較陌生的野生動物。

這些野生動物在近代因為棲地遭到人為開發，使得他們的生存環境與人類活動或人工設施開始高度重疊，被人目擊的機率增加，也因為不當開發身處險境，所以才時常成為新聞媒體的焦點。雖然這些新聞事件大多是令人惋惜的結果，但是藉由媒體和網路社群的報導分享，讓我發現原來台灣充滿許多奇特野生動物，深藏全世界少見的豐饒生態，促使我起心動念，想要多了解他們，並透過畫筆將他們美麗的身影留下。

在這些新聞主角當中，「黃喉貂」是相當引人注目又具有獨特魅力的野生動物。黃喉貂的頭型，臉寬，吻端窄，加上一對圓角三角形的耳朵，讓黃喉貂的頭臉正面看起來就像是個倒擺的三角「御飯糰」，他們從鼻端、臉部再到頸部兩側的毛色為深黑色，但是下顎到脖子卻是亮白色，這樣鮮明的對比，使黃喉貂有點像是包著黑色頭巾的蒙面俠；再搭配他們四肢的深黑毛色，好似戴著黑手套，穿著黑靴子，讓這位蒙面俠的造型更加神采奕奕。

身手敏捷又擅長爬上爬下的黃喉貂，絕對有擔當蒙面俠的資格，但是他們卻不像蒙面俠般低調，黃喉貂從脖子到胸口的鮮黃毛色，以及圓筒狀的黑色長尾巴，相當引人注目，也是他們受人喜愛的原因之一。

集美麗與可愛於一身的他們，卻是台灣陸域哺乳動物中反差萌的代表，屬於食肉目動物的黃喉貂，有個台語俗稱叫做「羌仔虎」，布農族則稱他們為 sinap sakut，意思是會追捕山羌的動物，說明在早期的目擊觀察中，發現黃喉貂會集體狩獵，圍捕體型比他們還大的山羌，並且習慣只食用山羌的內臟。這樣的傳聞，在後來手機與數位相機普及後，因為陸續有登山民眾拍攝到相關影像，而得到佐證，雖然具體狩獵方式和條件不明，仍有待研究，卻足以證實外表可愛的黃喉貂，在狩獵時的強悍與兇猛，並且具備集體合作的策略，「羌仔虎」的稱號果然名不虛傳，也代表黃喉貂是台灣山林生態系中不可或缺的重要角色。

台灣因為長期缺少對黃喉貂的科學研究調查，所以目前僅知在玉山國家公園的塔塔加區域，有穩定的黃喉貂族群出沒在特定範圍。為了更加了解這樣的指標性物種，玉山國家公園於二〇一九年委託環境生態顧問公司進行調查，使用自動照相機監測，以及捕捉繫放十四隻黃喉貂，透過他們的頸圈式 GPS 追蹤器，逐漸了解塔塔加地區黃喉貂的棲息概況與活動範圍。

經過一年的追蹤，初步認識了黃喉貂的棲息範圍廣大，但雌性與雄性略有不同，雌性黃喉貂約二點六到十平方公里，雄性黃喉貂約二十二點六到二十三點五平方公里，有的個體一年內的活動範圍甚至可達將近一百一十九平方公里，相當於玉山國家公園的十分之一大。還有一隻黃喉貂曾在中午於玉山北峰被目擊，隔天上午就回到塔塔加，移動速度可說是行如風快如電。透過科學儀器的追蹤監測，不僅了解黃喉貂身懷絕技，也證明塔塔加區域的黃喉貂，會移動至海拔三千八百五十公尺的玉山北峰，打破以往的認知。但是黃喉貂們為何會從中海拔森林移動至如此高冷的山區？還有待更進一步的科學研究。

近代因為科學儀器的幫助，讓生態調查工作如虎添翼，除了衛星追蹤定位系統，生態監測專用相機是當今許多保育單位或團體經常仰賴的研究設備，這一類相機是以紅外線偵測技術來感應動物出沒動態，藉此判斷拍攝時機，能節省人力與時間，並且在降低干擾的情況下記錄動物自然原始的行為，也能提供品質良好的科學資料，是長期觀測野生動物生態的高輔助設備。十多年來，「生態相機」的加入，為台灣許多生態研究記錄到非常可貴的數據，並且能作為政策制定時的有效參考之一。例如苗栗三義的石虎調查、金門的歐亞水獺棲息狀況、台灣黑熊的保育研究，或是野生動物使用動物通道的頻率與接受度，都可藉由生態相機補足人力無法達成的記錄方式。

只不過這樣的監測方式，因為器材多設置在郊外或森林中，所以仍有一定的風險，像是遭遇天災或是野生動物啃咬，甚至還發生過多起生態監測相機遭人竊盜的事件。二〇一九年八月，花蓮林管處安置在玉山國家公園瓦拉米步道的紅外線偵測相機，被竊走三台；幾乎同一段時間，「黑熊保育協會」原本要用來監測七月份民眾在南安登山口發現的小黑熊，所架設的兩台自動相機也遭竊。兩個單位共五台相機被盜，過去不曾發生類似情形，花蓮林管處與黑熊保育協會皆已向警方報案，對於失竊原因不做太多設想。

但這卻不是當年所發生的零星事件，同年十月，苗栗縣共有三十八台用來監測石虎的生態相機，也在九天內陸續遭人盜走。架設這些相機的單位分別是中央林務局、苗栗縣政府與學術研究單位，在不同石虎出沒的熱點路段所設置，目的是用來監測石虎的棲息範圍以及石虎利用友善動物通道的狀況，所以設置地點並不集中，而且以紅外線來驅動攝影的相機無法作為一般日常攝影使用，因此竊犯的動機相當可議，也似乎知道這些生態相機的所在地點，不禁令人臆測是否針對石虎相關的保育工作而來。這三十八台失竊的生態相機，每一台就要價台幣一萬多元，除了對保育團隊造成莫大損失，更讓苗栗縣的石虎研究受阻，為此研究單位報警後，未來還將對偷竊者提起「妨礙公務」告訴。

幸運的是，在苗栗縣竹南分局的積極偵辦下，終於數日後循線將兩名嫌犯逮捕，並查獲遭竊的生態相機三十一台，尚有七台下落不明。雖然尋回大部分設備與記憶卡，但嫌犯已將監測相機中珍貴的影像紀錄全數刪除，所幸警方利用科偵技術將資料全數救回，才知道被刪除的照片將近兩萬張，當中拍攝到不少石虎、山羌、山豬等野生動物影像。

嫌犯向警方供稱並非受到他人指使，偷竊紅外線監測相機是為了裝在雞舍防野狗入侵，但由於兩名嫌犯供詞閃爍，法官認為嫌犯的涉案情節重大，已經當庭裁定收押，苗栗縣警方也承諾，會安排在這些生態相機的設置地點加強巡邏，預防未來再發生類似事件。

二〇一九年分別在玉山國家公園與苗栗縣發生的多起生態監測相機遭竊盜案，是台灣保育研究工作進程裡不曾發生過的重大事故，失竊設備之多並且帶有明顯針對性質，令保育團隊及社會大眾難以想像，國家等級的學術研究竟會遭到不法人士侵害，也凸顯出台灣保育工作的艱困。

早期的生態研究，研究人員深入樣區，本就有遭遇有心人士或盜獵者的安全隱憂。近十多年來，科技設備的加入雖然提供更有效率的調查方式，但是研究人員安裝與維護設備或蒐集資料的往返路程，在經費和人力不足的條件下，經常都是獨自進行，許多採樣地點位處荒山野嶺，交通、路況、氣候，對研究者都是不小的考驗，但為了蒐集長期有效的科學數據，提供國家與社會大眾正確的生態新知，又或者是為了獲得更多目標動物的習性資料，作為保育方針的參考，這些研究人員仍甘冒風險，無畏日夜風雨的堅持調查工作。

他們不是會被周刊報導的「成功人士」，說的話也不會被當成「語錄」認真朝拜，但他們所提供的寶貴研究資料，共同累積成為國家對環境資源的了解，增加人民對土地的認識，也為人與自然共存、經濟發展之道，指出一條傷害較低的永續方向。這些無名英雄不需要掌聲，但絕對值得擁有我們的尊敬，並且在未來，相關的政策與立法更應該為這些研究人員設想，除了資源的挹注，增加研究人員的方便與安全，〈野生動物保育法〉也要能成為保育工作的後盾，制定更完善的條款與明確罰則，才能減少灰色地帶，避免野生動物因為民眾的錯誤認知而終身不幸。

二〇一九年一月九日，農委會公告修正「陸域保育類野生動物名錄」，有八種野生動物由「保育類」調整為「一般類」，當中台灣獼猴被降為「一般類」的決策，引發外界高度討論。長久以來台灣獼猴的確因為受到「保育類」光環的庇護，野外族群數量有明顯增加，但隨之而來的是，登山遊客餵食獼猴，導致當地獼猴習慣親近遊客，而時常發生搶奪遊客食物或物品的現象，人、猴衝突加劇，是國民缺乏對環境生態的理解，也是政府忽略生態知識在學校教育的傳承。

另外，獼猴對農作物的損害，也是許多農民的痛，相關的防治方式耗時又費工，卻又難有成效，農人與獼猴之間便存在著長久的對立。因此，在沒有明確的配套措施之下，台灣獼猴降為「一般類」，法律上的定位改變，罰則減輕，才引發保育界擔憂。不僅如此，自從台灣獼猴從「保育類」除名，許多販售獼猴寶寶的地下經濟明顯活絡，被通報民眾私自圈養獼猴的案件增加，這都是缺乏相關法律知識宣導與教育，而讓民眾誤以為有灰色地帶的結果。

事實上，在台灣獼猴還是「保育類」的時期，民眾擄走、誘拐或拾獲獼猴寶寶，占為己有的事件就偶有發生，何況是成為「一般類」的台灣獼猴。當這樣違法圈養的情形增多，可以想見將來被棄養而無法野放的「寵物獼猴」也會成為政府財政的負擔之一。

除了台灣獼猴，先前提到的黃喉貂，在該年修正的「陸域保育類野生動物名錄」當中，也從「珍貴稀有」調降為「其他應予保育」，此外也有許多野生動物非降反升，例如食蛇龜、柴棺龜變成了「瀕臨絕種」，水鼩被升為「珍貴稀有」，還有許多鳥類從一般類升為「其他」，因此顯示出台灣的整體保育成績尚有進步空間。

野生動物棲地的保護、野保法法規的檢視與執法能量的增強，都是當代重要且必須被探討的議題，此外，加強社會大眾對野生動物的認識，建立人與生態正確的互動，也極為重要。就像我們目前無法知道，為何黃喉貂會往高海拔山區棲息，只能確定他們越來越頻繁地出現在遊客的眼前，所以「禁止餵食」的觀念，就成為了野生動物與生態環境的護身符，也是人與大自然和諧永續的簡單守則。

在人類活動越來越親近自然的時代，民眾的自律和減少干擾，不僅是對大自然的愛，也是對未來世代的道德責任，或許有一天，黃喉貂和其他野生動物也會成為「一般類」，希望到時候，雖然沒有了法定地位，但他們依舊被人們視為「珍貴稀有」。

大海來的沉默鯨靈——

藍鯨上岸

海洋的深藍富藏神祕，不同面向，有不同的美麗，雖然我們無法全部一探究竟，但好多朋友都來自大海，告訴我們關於那片深藍的故事，有深有淺，有遠有近，原以為知道很多，沒想到總是還有驚奇。

鯨奇之海

藍鯨，不僅是全世界瀕臨絕種的鯨魚，也是地球上現存最大的動物，二〇二〇年死亡擱淺在台東海岸的藍鯨，是台灣有紀錄以來的首次，這樣的背景，讓我對這則消息印象深刻。身為海洋國家，這頭美麗巨鯨的「來訪」，值得我們好好探究海洋生態的變化。

2021.01

第四十章

大海裡來的沉默鯨靈——藍鯨上岸

二〇二〇年（民國一〇九年）

關於此書的編寫背景，是我以藝術創作者的角度，藉由畫作與文字，表達對生命的讚頌，詮釋自己對野生動物的熱愛與關懷，希望引領讀者一同進入我心中野生動物安詳生活的狀態，也是回顧台灣四十年來在野生動物身上發生的新聞事件，這些事件，有大有小，卻都與台灣的政治、經濟、民生議題息息相關，並且反映著台灣生態保育文化的演變。有些新聞事件，讓我從中認識到在這塊土地上的野生動物，發生了什麼事，面臨到何種危機，因此成為我創作的動機。每次在提筆之前，學習與了解這些野生動物相關的生態常識，就是我想要且必須的功課。

許多年來，全台各地的研究者或志工，不畏辛勞，用青春歲月換來的各種野生動物生態習性資料，皆是我在創作時不可少的重要筆記與靈感養分。而這些研究調查，拼湊出台灣生態的豐饒富裕，也呈現了當中的美麗與悲苦，礙於篇幅和我個人的能力，雖無法將這四十年所有的重要議題，全數以畫作呈現並記錄在書中，僅能以我在創作過程中的閱歷和感受、觀察到的重要變革，將之彙整，分享給各位讀者，但我仍然希望這些摘要式的歷史回顧，能成為台灣民眾認識土地的開始，也很開心自己能以圖文創作，帶各位讀者遊歷其中。

回顧書中前三十九篇主題，在編寫時總有一種站在「未來」的時間點，分享著記憶與感想，事過境遷的滋味，但事實上，這三十九篇所提到的許多危機事件，在本書上市時，都可能仍然是現在進行式，像是食蛇龜與柴棺龜，這兩種台灣原生的龜鱉類，好似難兄難弟般，因為盜獵走私而瀕臨絕種。金門的歐亞水獺與三棘鱟，因為金門島上各種經濟開發，因此還在巨變中掙扎求生。全台灣各地因為許多人為因素，造成外來種動物入侵自然環境，影響生態與農業經濟的問題，不僅懸而未決還更趨嚴重。

時光來到二〇二〇，是編寫此書的同一年份，也是本書最後一篇章節，因為我身處「現在」，所以除了回顧過往，還能檢視當中的變化。這一年，是北極圈內的西伯利亞，史上結冰最晚的一年，這個北極海冰最主要的分布地區，到了十月下旬還沒開始結冰，可以想見世界已經進入氣候嚴重異常的時代。科學家指出，北極許多古老的冰正在消失，只剩下較薄的季節性冰，整體來說，僅剩一九八〇年代的一半，並且在二〇五〇年之前，北極就可能發生首次夏季無冰的狀態。

台灣在這一年，慶幸著無風災的日子，卻也是五十多年來，首次在汛期沒有颱風的現象，部分重要水庫蓄水量出現新低，桃、竹、苗地區的稻作面臨停灌，未來的工業、農業、民生用水問題，也將可能演變成為每年政治上的爭論戰。換句話說，台灣面對氣候變遷已經不能置身事外，國人在氣候變遷的議題上，普遍有著高度關心和解決意願，但是對國際上的具體作為卻缺乏了解，如〈巴黎協定〉宣示在二一〇〇年之前，全球平均氣溫升幅不能超過工業革命前的二度C，因此參與這項協定的國家，都必須為地球設想，開始致力於減碳政策與能源轉型。學校教育和新聞媒體，對於國際間應對氣候變遷的政策，應當要再多充足相關知識的傳遞與宣導，民眾日常的消費習慣或生活方式，也必須開始自省與調整，才能從關心變成實際作為。而政府除了帶領民眾一起朝向減碳目標，對於加強「生物多樣性」的認識，讓生態保育成為主流意識，同樣極為重要，如此能讓許多相關政策得以順利推動，保育意識的深化，才能確實保障國家自然資源永續的未來。

二〇二〇年九月，族群數量已日漸稀少的「台灣白海豚」，終於迎來了有具體幫助的保育政策「重要棲息環境」公告，這是維護生物多樣性的重要象徵與進展。自從台灣白海豚被列為「一級保育類」後，經過六年調查，確認出他們在台灣西岸北起苗栗縣龍鳳港，南至嘉義縣外傘頂洲燈塔，是主要棲息範圍，於是在二〇一四年開始預告，由「農委會」及「海洋保育署」不斷與相關團體溝通協調，終在二〇二〇年正式公告上路，公告面積廣達七百六十三平方公里，範圍包括苗栗、台中、彰化、雲林等沿岸海域，成為台灣最大「重要棲息」面積，以及跨越最多縣市紀錄。從此，在此範圍內的土地利用與建設，必須顧及台灣白海豚及海洋生態，不得破壞其原有生態功能。

對於在白海豚「重要棲息」範圍內，行駛速度較快的商貨漁船，海保署也與其協商減緩速度，降低對鯨豚的影響。這項公告實施，象徵著對環境破壞後的彌補，以及當地漁業的體諒。只不過同一年裡，白海豚重要棲地再往北的桃園海岸，有一片美麗的藻礁，正因為中油即將闢建第三天然氣接收站，而面臨著危機。

藻礁與珊瑚礁都是屬於「生物造礁」，他們之間的差別是珊瑚礁由「動物」造礁，藻礁則是由「植物」造礁，但藻礁因為比珊瑚礁生長還要緩慢，以桃園海岸造礁主體的「無節珊瑚藻」來說，二十年造礁生長不到一公分，所以桃園目前的藻礁規模，據研究已超過七千五百年，不僅是全球稀有足以成為世界遺產，它多孔隙的環境，也是許多海洋生物的育嬰房，並具有海浪消波的功能，是天然的海岸屏障。

退潮後的藻礁，還能成為優良的天然生態教育場所，因為不需要複雜昂貴的潛水設備，在藻礁的潮池中就能看見多種魚、蝦、蟹類，或是海蛞蝓、海星等可愛動物。而一級保育類的綠蠵龜或是二級保育類的小燕鷗，都是拜訪藻礁的常客，證明藻礁不僅是珍貴少見的海岸地貌，同時也是眾多稀有生物的家園和覓食環境。

桃園原本綿長的藻礁地形，北起大園區竹圍漁港，南至新屋區永安漁港，總長約二十七公里，是全台灣面積最大藻礁地形，依河口區分約有六處大型藻礁地形相接，如今僅剩下觀音溪口以南的「大潭藻礁」、「觀新藻礁」兩處，尚存較完整生態和活力的藻礁。

近三十年來，桃園因為「大園」、「觀音」兩大工業區對大小溪流的汙染，使得南崁溪至觀音鄉大堀溪口，近二十公里的藻礁海岸幾乎滅絕，其中大崛溪口北岸的「樹林草漯藻礁」是狀況最差的區段。

由於早年台灣對藻礁的科學調查與認識較晚，民眾普遍對它陌生，因此媒體聚焦不足，缺乏社會大眾關心，中油、砂石業、石化業等工業建設說蓋就蓋，施工過程粗暴，藻礁遭到嚴重破壞後，地方機關也無心究責，加上過去政府查核工廠偷排廢水的力道不彰，所以桃園的藻礁海岸生態在高度汙染下，毫無修復的機會。

如今，桃園藻礁的最後淨土「大潭藻礁」又面臨中油第三液化天然氣接收站的開發案，令保育界深感憂心，雖然中油此項開發案是以配合「非核家園」與能源轉型為由，但是保育團體認為，此開發案有替代方案可以執行，所以選址與環評過於草率且失去正當性，在許多政府對環團的承諾都從未實現的情況下，中油的「三接」案就已開始施工。二〇二〇年，由生態學者、義務律師、保育團體、地方人士與獨立媒體，共同推動的「珍愛藻礁公投」，在七月通過第一階段連署，並希望於二〇二一年二月底前募集到三十五萬份連署書，才能完成通過第二階段連署，趕上八月份的公投。如果成案，將是台灣史上第一個為了生態保育所進行的公投，也展現台灣社會對這個世界級自然遺產的態度。

此書編寫的角度，雖是以回顧方式，作為對野生動物及生態保育的介紹，不過二〇二〇年的事情，對我來說除了是進行式，也充滿不可知的未來，我無法預測「珍愛藻礁公投」是否能夠順利通過，但可以確定它就如過去那些，為環境、為野生動物而發起的保育運動一樣，正在為台灣的保育文化寫下新的歷史，民眾的參與和選擇，反映著當代社會及政府對生態永續的態度與思維。

我們都希望雙贏，但是地球生態將開始劇變的倒數計時，可不站在我們人類這邊。

二〇二〇年一月，一頭海洋巨鯨被海浪送上了台灣東部的海灘，是否正是地球從大海送來的訊息呢？這頭擱淺台東長濱海岸的大型鯨魚，體長約二十公尺，擱淺時已經死亡，當時初步判斷是地球第二大鯨魚「長鬚鯨」，但是經過成功大學海洋生物暨海豚研究中心教授王建平的判別與解剖分析，再經粒線體 DNA 控制區序列進行比對，認為這隻鯨魚與世界最大的鯨魚「藍鯨」，有著百分之九十九以上的相似。這隻藍鯨的全身骨頭關節處軟骨比例很高，顯示出是一隻還在成長中的幼鯨，雖然與目前藍鯨最高紀錄的體長三十三公尺相差甚遠，但已經算得上是一隻海中的龐然大物，也是台灣第一次藍鯨死亡擱淺的紀錄。

台灣過去莫說是發現藍鯨擱淺，就連外海出現的紀錄都沒有，不禁令人好奇，這隻珍稀的海洋巨獸為何會在此時出現在此地？他的來到，又隱藏著什麼海洋訊息？學界除了驚嘆，也高度慎重的處理這隻藍鯨的遺體，啟動相關調查。全世界對藍鯨的研究調查資料有限，目前只知道族群分布於北太平洋、北大西洋與南半球，台灣海域向來不是藍鯨的棲地，也不在他們移動的路徑上，因此研究這隻死亡擱淺藍鯨的遺體，對全世界藍鯨研究來說，是相當重要的資料。

為了更加理解這隻藍鯨所遭遇的事情和致死原因，光是解剖就動用超過四十名工作人員和志工，費時三天才將重要組織與鯨骨運至成功大學，進行分析與骨架處理，製成標本供學術研究。

事實上這隻「小藍鯨」外觀上並無明顯外傷，但最突兀的是他身上纏繞著的繩索，就剛好捆綁著他的頭部，雖無法判斷這條繩索是否造成藍鯨無法張嘴與順利擠出海水，進食困難才導致餓死，但解剖的結果顯示這條藍鯨的胃部沒有殘留任何食物，皮下脂肪層也非常薄，所以推測是餓死後才漂流到台灣海域，最後被「送到」台東的沙灘，所以這隻還未長大的藍鯨，死因很可能並非自然因素，而是那一條繩索。

台灣近年來時常提到，很多權力不是平白而來，其實自然環境的穩定也是所有生物共同運作協調、相互平衡而生，所以野生動物保育或是天然資源的維護，才是經濟發展的基礎。在地球喪失一半生物的時代，疾病與氣候異常，正是人類自嘗的苦果，生態研究者以及保育團體的呼籲，或是對環評的堅持，向來都不是為了阻礙發展，而是希望以永續的精神，制定長遠的經濟模式。

一隻瀕臨絕種、全世界體型最大、從沒有來過台灣的藍鯨，打破了各種常理，登上了台東的沙灘。他身上的那一條漁繩，與他的體型呈現明顯對比，雖然細小卻纏捆著他無法張嘴，讓他的死亡看來更加有苦難言。

這樣的遺體，除了是觀察海洋變化的一塊拼圖，也訴說著人類對海洋的強取豪奪，我們尚未完全解讀地球的奧祕，卻已經將她的資產揮霍大半。

我們必須認真聆聽她的低語，那些從野生動物生死之間告訴我們的事，學習自省與共生，否則傲慢將成為捆住我們自己的漁繩。我們要記得野生動物的過去，才能得到在未來重生的機會。

後記

自幼我就會對出現在自己身邊的各種動物感到好奇，也像很多孩子那樣，看到可愛的貓、狗總想親近，看到不明的昆蟲又感到驚怕。

但到了求學階段，我發現我好像又比其他同學多了一分對動物的觀察力，例如我在小學時曾對同學說：「麻雀是沒辦法一直在空中飛的，而且他們在飛的時候翅膀是拍動幾下就會停一下。」這樣的結論讓聽到的同學當場無法接受，最後只能以我在胡說尷尬收場。

然後到了國中即將畢業的升學期間，某天黃昏在永和的中正路上，從術科考試衝刺班下課的我，對著旁邊一起等公車的同學說：「天空好多蝙蝠喔！」結果引起同學的驚呼，那時我才明白不是大家都知道蝙蝠跟麻雀的差別。

所以一九九〇年代雖然是個連都市都還到處看得到野生蝙蝠的時代，卻有不少人以為天上飛的都是麻雀。不僅蝙蝠，在那個升學掛帥的教育文化中，學校對於野生動物的知識傳承少得可以，所以才會連生活周遭常見的野生動物都不認識，可能像我這種念書憨慢的小孩才愛盯著天空看，看到蝙蝠或燕子那麼樣的不同，會覺得神奇又有趣。

雖然念書不太聰明，但是拚上「復興商工」美工科的我倒是在繪畫方面爆發出班上前幾名的實力。那時我只覺得自己真的很愛畫圖，對靜物、人物的觀察力也很好，所以綜合表現上算是師長眼中一位美工科的模範生。但是即便畫圖很拿手，我第一次正式發表野生動物創作卻是到了「台灣藝術大學」的畢業製作時期。

當年就讀「視傳系」的我，某天在報紙上看到了「屏科大保育類野生動物收容中心」的相關報導，不知怎地就動了念頭想要前去採訪，希望當作畢業製作的專題內容。在跟指導老師討論確定後，就主動聯繫了屏科大收容中心說明我的需求與計畫，我當年的專題名稱是「野保發芽之地——國立屏東科技大學保育類野生動物收容中心」，目標是想透過攝影（照片與影片）和採訪，設計製作出一張介紹收容中心的形象光碟。

當時很順利的就獲得了對方單位的同意，甚至很榮幸的採訪到了裴家騏教授，也記錄到許多收容中心工作人員照養野生動物的難得畫面，並且第一次近距離接觸到長臂猿這種美麗又有靈性的生物，是一段此生難忘的經驗。

我當年一共往返了屏東兩次，每次都待三天左右才把資料蒐集完成，很感謝當時裴家騏教授、中心的獸醫師以及工作人員的照顧與配合，豐富了我的採訪內容，更特許我在採訪時期能留宿員工宿舍，增加我採訪的便利。所以畢業製作那一年我用盡了全力發揮繪畫、影像剪輯、介面設計等專長，將他們融合成互動式的形象光碟，最終在畢業展交出了自己滿意的成績，也就是那時候起，我發現我不只是喜歡野生動物，似乎還對他們的遭遇有種無法置身事外的性格。

事後想想，我求學階段的那些專長培養，好像就是將來要幫野生動物發聲那樣，順理成章又樂在其中，所以每次創作〈金金祕林〉的任一種野生動物時，我都會很自然的花時間去理解個別物種的外觀、生態習性以及保育現況等資訊，為的就是能將每個野生動物的特徵和背景，藉由圖、文作品傳遞清楚。

因此當初受到「時報出版」文化線主編謝鑫佑的邀約，提議編寫這種有如「台灣野生動物保育史」的書籍時，對於只會畫圖卻不擅大量文字的我來說，雖然是一項極高的挑戰，但是卻又很符合我在創作時的習慣，只不過要閱讀的資料更龐雜又不容許出錯，所以在繪製與編寫時備感壓力，常常覺得自己只想好好畫圖，這種盯著螢幕長時間敲字的事情，真的像是要一隻水獺不要游泳那樣沒天理。

但就在此書編寫到近一半的階段，我開始摸索出台灣近代在野生動物保育進程的主要因果關係，察覺到當中的關鍵變數是什麼、生態在台灣經濟發展中的角色有哪些，於是就越寫越感到此書的重要性，並非在我個人的作品展現，而是勾勒出台灣野生動物保育文化上的大致輪廓，這個「輪廓」透過繪畫的傳達與文字的輔助將會更加清晰，像是台灣白海豚、東方草鴞、食蛇龜，這類族群命運因為人為因素而越來越不樂觀的野生動物，藉由此書能替他們在繪畫與文字的藝術形式裡再活一次，也記錄這個令他們命懸一線的關鍵時代，未來是好是壞，都看我們這個時代的人如何應對。

而這本書更是一本台灣人對於這塊土地上存在野生動物的記憶。四十年來，許多野生動物的數量早已不復當年甚至絕跡，希望此書能成為現今與未來的人一條對於野生動物的記憶線索，因為如果連記憶都沒有，那麼那些已經消亡的無數野生動物就真的連靈魂都消失了，福爾摩沙的歷史也將失去瑰麗的一塊拼圖。

最後還要感謝那些為台灣生態長期付出的研究人員、志工、影視從業人員以及文字紀錄工作者，這本書能超出比我畫作還豐富的次元，都是因為台灣有這些關懷生態、投入不同野生動物領域研究默默付出的人們，此作不僅是要讓野生動物被看見，也要讓長期付出心力為「國土安全」把關的無名英雌、英雄得到應有的肯定。

REO0023

水獺與朋友們記得的事（下）

作　者—池边金勝
資深主編—謝鑫佑
校　對—謝鑫佑　吳如惠　池边金勝
行銷企劃—藍秋惠
美術設計—蔡南昇　金彥良

總編輯—胡金倫
董事長—趙政岷
出版者—時報文化出版企業股份有限公司
一〇八〇一九台北市和平西路三段二四〇號四樓
發行專線—（〇二）二三〇六六八四二
讀者服務專線—〇八〇〇二三一七〇五
（〇二）二三〇四七一〇三
讀者服務傳真—（〇二）二三〇四六八五八
郵撥—一九三四四七二四時報文化出版公司
信箱—一〇八九九台北華江橋郵局第九九信箱

時報悅讀網—http://www.readingtimes.com.tw
文化線粉專—https://www.facebook.com/culturalcastle/
法律顧問—理律法律事務所　陳長文律師、李念祖律師
印　刷—金漾印刷有限公司
初版一刷—二〇二一年三月十二日
定　價—新台幣四二〇元

水獺與朋友們記得的事 / 池边金勝著 , 繪 .- 初版 .- 臺北市 : 時報文化 ,2021.03
208 面；14.8X21X1.03 公分
ISBN 978-957-13-8648-5(下冊 , 平裝)

1. 野生動物 2. 自然保育 3. 臺灣

385.33　　110001715

ISBN 978-957-13-8648-5
Printed in Taiwan